纺织服装高等教育"十三五"部委级规划教材

东华大学服装设计专业核心系列教材

刘晓刚 主编

时装画技法
服饰素描

钱俊谷 著

东华大学出版社

·上海·

图书在版编目(CIP)数据

时装画技法:服饰素描 / 钱俊谷著. —上海:东
华大学出版社,2019.3
ISBN 978－7－5669－1543－6

Ⅰ.①时… Ⅱ.①钱… Ⅲ.①时装—素描技法 Ⅳ.
①TS941.28

中国版本图书馆 CIP 数据核字(2019)第 014304 号

责任编辑 徐建红
装帧设计 贝 塔

时装画技法:服饰素描

钱俊谷 著

出 版：东华大学出版社(地址:上海市延安西路 1882 号 邮政编码:200051)
本 社 网 址：http://dhupress.dhu.edu.cn
天猫旗舰店：http://dhdx.tmall.com
营 销 中 心：021-62193056 62373056 62379558
电 子 邮 箱：425055486@qq.com
印 刷：上海盛通时代印刷有限公司
开 本：787 mm×1092 mm 1/16
印 张：14
字 数：400 千字
版 次：2019 年 3 月第 1 版
印 次：2021 年 8 月第 2 次印刷
书 号：ISBN 978－7－5669－1543－6
定 价：49.80 元

前　　言

素描作为一切造型艺术的基础,这一点已经得到社会广泛认同,也成为我国高等院校美术学科及设计学科的重要基础课程。其中,由于历史的原因,美术学科对素描的理解和应用已经相当成熟,虽然其本身也在进行着不断的探索与变革,但是,这种努力更多地是基于艺术风格的探索,更为强调艺术家的个性特质及其表现风格的研究,艺术本身的独立性要求艺术家形成旗帜鲜明的艺术流派,素描在其中起到了理解对象和表现对象的基础作用,甚至发展成为一门独立的艺术样式。设计学科只是把素描作为造型训练的基础工具或表达设计思维的表现工具,并不是学科发展的终极目标,尽管素描训练在其课程体系中不可或缺,但是,其地位远不如在美术学科中那么重要。

在设计学科中,不同专业对素描也有不同要求。长久以来,我国大部分院校设计学科的素描教学基本上不分每个设计专业的特点,还是沿袭传统素描的基本套路,尽管也出现了"设计素描"之类的课程,但是,由于大部分此类课程的师资来源于绘画专业,本身缺少设计专业背景,他们对各个具体的设计专业较少设计实践,无法结合这些专业对素描教学提出的特殊需求,因此,客观上仍然不能完全避免传统素描的影响,使得有限的课程难以收到理想效果。服装设计是设计学科的一个专业,应该配备具有自身特点的素描课程。由于我国高等教育课程体系的特殊性,素描等基础课程的数量呈结构性下降趋势,学生没有时间通过传统素描课程中对本专业必须达到的表现技能进行细推慢敲,使得表达设计意图的服装效果图之"效果"难以令人满意,学生也发出"想得到但表达不出"之类的感叹。于是,有些院校干脆将素描课程改为"服装效果图技法"之类课程,但是,这种忽视理解和掌握物体本质规律之举显然是将问题进行简单化甚至草率化处理,其后果是影响设计意图的表达以及设计思维的拓展。因此,如何在有限的基础课程中完成专业学习阶段对专业基础的要求,成为一道摆在服装设计专业面前的现实课题,即服装设计专业应该学习怎么样的素描?

根据传统的观念,素描作为研究和再现物象的一种方式,是绘画、设计及一切造型艺术的基础,同时也是训练造型能力的基本手段。随着时代与社会的发展,特别是全球化进程的加快,艺术设计专业领域越来越细化,每个艺术设计专业领域素描课程应该有自己的特征。服装设计专业应该有效地把握素描在服装设计专业学习中的地位,充分认识素描的本质及其在产品设计中的作用,制定针对服装设计专业必修课程的素描,成为一种必然趋势。作为服装设计专业的素描训练,应该适应专业改革和发展的需要,注重职业特性和产品特征,通过理论的讲授和系列课题的训练,从而培养学生对服装"形态"语言的组织能力和表达能力,更重要的是在基本的造型能力基础上着重培养学生的创造性思维能力。在实践的过程中有机地结合造型基础训练和理论知识的讲授,强化学生的实践能力,对学生应用能力的训练,以及开发学生创造性的思维是本课程的主要教学目标。

本教材从三个方面对"素描"课程进行探索:①重视系统性。注意课程的基本知识面及技能的完整覆盖。从提升专业基础视野的角度,在理论和技能方面给学生提供完整的课程架构。②加强针对性。针对目前设计类学生所面临的综合造型能力中的薄弱点,有的放矢地提高这些薄弱环节的认识,注重能力上的训练。③强调关联性。突出本课程与专业课程的关联与对接,解决基础课程与专业课程的脱节现象。④注重拓展性。提高学生对视觉思维的认识,使本课程融入设计课程的部分特征,使基础课程同时具有拓展设计思维的功能。通过以上努力,本课程将要求学生在艺术教育最初阶段形成的结果,能够成为今后专业学习上的可持续发展能力,达到把学生的造型能力、原创能力及表现能力与实际应用对接的目的。

目　录

服饰素描概论｜第一章

在新要求的压力下,制像的传统的图式化程式逐渐得到矫正。

——贡布里希《艺术与错觉》

第一节　传统素描艺术与服饰素描艺术

　　传统素描艺术与服饰素描艺术相辅相成的关系和它们在目的和功能上的差异是在本节中详细讲解的内容。通过梳理这两者发展的历史脉络,使人们认识到以下方面:一是在艺术发展的长河中,任何艺术门类的产生、发展现象都不是偶然的,必定有其历史的、现实的功用原因,人类文明的发展就是靠不断的现实需求所推动的。二是虽然传统素描与服饰素描在功能上是不同的,但是不能因为这一点就把两者作全面的切割,应该看到传统素描对人们的美学哺育、表现的技法支持方面有着不可替代的作用。三是服饰素描对于传统素描来说其实是一个"走进来——走出去"过程表现,更注重的是在不断的功能性要求下的理念、手法的创新,因此始终保持创新和活力是服饰素描需要有的发展状态。服饰素描是一个很年轻的概念,在其中也不断地需要总结和完善,这也符合艺术发展的基本规律。

一、概述

(一)演变与分化

　　从传统素描艺术到具有强烈功能性用途的服饰素描艺术的发展不是偶然的、突发的,从历史上看它是有序的、必然的。在传统造型艺术的发展历史上一些艺术家其实已经用素描的方式涉及到了一些为现实用途的产品提出的方案设计,如达芬奇为一些工程机械所作的大量素描草图,米开朗基罗为圣彼得大教堂所作的方案等。这些就从传统造型艺术中用素描的方式孕育了素描作为一种相对独立的方式为以后的功能拓展的可能性。19世纪中后期随着西方工业革命的开始和深入,艺术家在造型艺术上的侧重点分为两类,一类是继续在传统意义上的造型艺术范畴里发展,随之带来的在传统意义上的素描造型手段的突破。另一些艺术家在弘扬自身个性和反映当时时代思潮方面作了大量有突破性的探索(图1-1,图1-2)。传统艺术与现代视觉艺术的功能性开始嫁接,这类艺术家创作了大量反映这种状况的手稿,进行具有形式感、现代感的带有明显现实功能性的探索,这其中素描作为具有快捷、直接且方法上面没有过多流派限制的这些优点的一种造型手法,迅速地在应用领域被广泛使用。直到1919年德国魏玛的包豪斯首次明确提出和完善了为设计制定的素描教学的概念。虽然这是当时包豪斯为建筑结构、造型设计而提出的素描解决方案,但是其理论和方法对今天的别的设计门类的基础造型训练有着思维方式的指导作用。如今,随着现代工业生产和门类越来越细化,为产品提供的专门化设计的要求也越来越高,为了顺应这种变化,在院校对设计人员的培养中,在造型基础训练方面又引入了诸如结构素描、工业设计素描等专业素描的名词及方法体系。而服饰素描的概念也是从传统素描的方法中派生出来的,只不过加入了专业化的要求。因此对服饰素描的理解切不可望文生义,还是要从传统素描艺术到服饰素描艺术的历史演化过程有一个全面地把握,这样才能真正的体会学习服饰素描的意义和目标。

图1-1 达利 素描习作
五个人物的不同姿态的组合,恰如其分地表现了其中的关联性,人物造型通过主观化的处理,各种造型元素为我所用。表达了一种超现实感的体验和非现实的追求。服装造型的风格切合主题的表现,通过强有力的形式感进行其中的整合。充分反映了达利是用现代设计思维进行艺术创作的先驱者

图1-2 达利 素描习作
人物和服饰表现的主题贴切,鲜明。整个画面呈现出冷峻的氛围,强烈的主观表达下隐含着严密的逻辑演绎。体现了近代工业化革命的理性命题对于个体精神的严峻考验

（二）理念界定

传统素描的理念是严谨、客观的造型理念。服饰素描所遵循的造型理念是在客观对象的形象根据的基础上,根据服饰素描的不同功能需要,进行或客观或主观的造型活动。

（三）功能界定

传统素描的存在和功能是为其下游造型领域(如油画、雕塑,壁画,版画等终端平台)提供素材的收集与基本造型训练服务的。服饰素描是为服装设计专业提供基础造型训练,收集专业素材,构思服饰设计等服务和支持。服饰素描作为素描的一个分支与传统素描最大区别在于后者是客观对象的复制描摹,而前者是发掘、归纳形体构成规律,根据这些规律创造带有强烈主观色彩的东西。是一种"无中生有",能够支撑、演绎人们的主观想象,具备总结造型规律、创造造型形象的能力。

（四）功能用途界定

传统素描作为一种素描形式,它的雏形和胚胎早在文艺复兴时期就已大体形成,于20世纪初被引入我国,发展至今基本遵循的法则可说已相对确立。作为一门绘画艺术基础课,以造型准确、质感、明暗调子、空间感、虚实处理等方面为重点,研究造型的基本规律,画面以视觉艺术效果为主要目的。与服饰素描比起来,传统素描有相对独立的艺术形态诉求,所要求的艺术性表现手法和相应的审美标准具有很高借鉴价值,否则就不能达到很完美的境界。

服饰素描是一种为服装设计提供形象概念的绘画表现形式,重在体现设计师的思考过程,记录设计师的思维轨迹。在现代设计过程中,服饰素描是设计师收集形象资料,表现形态创意,沟通设计方案的语言和手段。服饰素描也是现代服装设计绘画的训练基础,是培养设计师形象思维和表现能力的有效方法,是认识造型、创新形态的重要途径。服饰素描是以比例尺度、透视规律、三维空间观念以及形体的内部结构剖析等方面为重点,训练绘制设计预想图的能力,是表达设计意图的一门专业基础课,画面以结构剖析的准确性、表达的适合性为主要目的。

二、服饰素描的特征

（一）以软体物品为主要内容

服饰素描就其描绘的内容与其他设计类素描最大的不同在于它所描绘的主要对象不是以硬体物品为主,而是大量的软体物品。例如:不同质感的面料,不同纹样的面料,不同的服饰配件配饰,以及它们与人物、人体的搭配表现,配合与之相适应的思维、技法和表现。

（二）以人物造型为辅助参照

服饰素描的所有物品几乎都以人物造型为参照依据,都必须在人物造型上找到恰当的空间位置,并与之密切配合,不能出现物品与人物在空间存在上的矛盾。作为服装设计作品展示平台的人物(人体),对此进行大量深入有针对性的研究和训练,是为服饰素描的造型基础提供的必要参照和基本支持。

（三）以服装服饰为应用对象

服装设计素描具有很强的针对性和专业性,始终围绕着一个中心即以服装服饰设计为应用对象,对其衍生出来的造型任务进行研究和训练。服饰素描所涉及的具体表现对象几乎都以人物造型为参照依据,都必须在人物造型上找到恰当的空间位置,相对来说,准确表达服装服饰是服饰素描的第一要义,人物表达通常只是作为"衣架"般的陪衬,因而显得比较简略。当然,在插图性服装画中,人物往往成为描绘的重要内容,服装服饰退居其次。此时,服装插图已经不再称为一般意义上的服装设计稿。

三、目的

(一) 专业技术的手段

在当今世界中,数字化技术已经深入到包括现代设计业的各个产业的业态中,设计教育所要解决的是创意的问题,也包括灵活、自由的手头表达能力。这就是解决表达语言的问题。有些学生经常面临想得出但表达不出这样一个尴尬的局面,这就是因为学生的一些基本造型能力的问题没有引起重视和解决,因此掌握一些基本的专业造型手段就显得非常必要了。

(二) 表达创意的工具

视觉敏感度的缺乏、设计思维的无序化、传达手段的平庸化是我们最容易犯的设计错误。解决这三个问题基础还应当从素描造型着手。

对于服装设计师来说如何把普通生活中的功能和审美的诉求升华为个性化的具有潮流引导性的艺术独创,靠得是独到的审美取向和多样化、有创新性的表现技巧,这两项要求恰恰是服饰素描训练需要完成的任务。审美能力的训练包括两个阶段:第一是审美认知阶段,即如何感悟美;第二是审美的挖掘、拓展和表达阶段,即个人对美的升华和创造。这两项训练都是艺术想象力的形成和实施的前提。这就要求我们的素描能力不但是表现客观的工具,而且是探索规律和利用规律制定表现样式可能性的工具。在服饰素描训练中我们常常依据客观形象的外在造型特征,以虚拟情节、形状和环境等来改变客观形象常态的构成表现方式,植入作者的主观意图,这些训练的方法使设计者拓宽了思路和表达的空间。在如今设计领域中大量的引入数字化技术的辅助,但是在任何时代,只要设计还是体现人类的所思、所想、所用,就一定要记住画笔永远是设计师最好的朋友。

(三) 设计思维的基础

服饰素描是以表达设计意图为目的。既然与设计有关,它们在对形象的判断、建立的过程中的思维方式是一脉相承的。谈到思维方式,我们知道设计本身就是以一种思维方式影响受众的行为,是对视觉信息的反应、选择和处理,表现的就是画者的思维轨迹,表现在行为上就是用一种积极的视觉表现手段创造一个原来并不存在的事物,而不简单是对已有事物的图解或再现。改变现实世界物体原有形态在受众概念里约定俗成的形象,创造出独具生命的"样式",具有主动把握和创造形象的能力是服饰素描学习的目标所在。对思维方式习惯进行的逻辑性和有序性训练和培养有利于培育一个设计师基本的素养。

第二节　服饰素描的训练方向

服饰素描课程由于涉及到为服装设计的专业方向服务这一具体要求。因此在整个过程中需要把握住这一方向。在兼顾常规造型课训练的同时,注意有针对性的训练,以便能够与专业的需求对接。本节主要从能力的训练、学习的过程、必要条件这几个方面来阐述,以便使学生能够清晰知道这一过程的轨迹,确保训练过程朝着正确的方向进行。

一、能力的训练
(一)观察能力的训练

所谓观察能力的训练其重要的环节就是对学生进行观察事物方法的培养,使他们知道看见和观察是两个不同的概念。看见,只是人体视网膜对客观事物的接受的生理反应;观察,是对这种生理反应的思维和总结判断。我们如何去表现我们所看到的对象是基于我们对对象的观察的结果。观察方法的正确与否决定了我们看待事物是否全面和客观。主要来说正确的观察方法是整体的而非局部的,全面的而非片面的。服饰素描的造型观察方法更是要多视点、多角度、多方位的,有利于更正确地理解和分析形象的整体特质及其内部构造特点,以便能够准确地对形象进行描绘和客观的阐述,并能对形象进行举一反三的思考和创造。

(二)表现能力的训练

服饰素描是以素描的表现形式对被装饰物进行着重于形式美感方面的思考和加工处理。例如在时装画中对服装进行概括、取舍、归纳、组合来表现浓厚的设计意识、创新理念和形式美感。从不同的视觉角度、不同的思考结果对服装或人体进行重叠、穿插、透叠以及运用平展法等表现服装的艺术手法,使画面特征更加突出,创造出具有形式美感的视觉图像。以上这些能力的培养都需要在服饰素描这一课程平台上进行演绎和训练,这些能力包括表达的能力、运用表现语言的能力、组织和驾驭各种手法的能力等。

(三)思考与创造能力的训练

服饰素描的思维活动是形象思维加设计思维。服饰素描和设计创作虽然是不同的艺术形式,但是在思维方式方面却有许多共通的地方。尤其是服饰素描中构想能力的训练方面,能够培养设计师重要的专业素养,是实现设计艺术创新的前提。创新是一种源于对感知把握到原形潜在变异的洞悉,通过素描过程的造型演变,创造出具有深层意义的新形象。为了充分地达到对自然世界多元的、多层次的熟悉了解,我们要广泛地发掘和获得富于创意的设计思路,还可以通过对物象各种性质的观察、分析、联想引发出不同性质的创意设计表现。例如:从自然物体结构的各种性质中引出线条意象的变化;从形体是有机的同时又是可分的性质中引出有机构成的变化;从物质的肌理特征中引出纹理组织的变化。

二、学习的过程
(一)课堂学习的过程

课堂学习是学习过程中最初步的环节,主要是由老师提出学习的阶段性目标,教授最基本的工具和技法的使用。在这个过程中着重加强学生对客观事物的认识过程中审美能力的有意识的发掘和引导,在这一过程中不要给学生制定一些思维和表达上的禁区。

（二）自行学习的过程

学生的课余学习和自行学习的能力是艺术类学生至关重要的环节。许多艺术类学生自我能力的拓展和发掘以及对艺术的审美经验的积累和完善,都是在这一阶段完成的。在这其中,不但要完善服装设计艺术相关的专业素养,还应对别的设计领域有所涉及和了解,以便对自己的专业能力和可持续的发展力有一个宏观上的把握。

（三）勤于思考的过程

服饰素描课程训练最主要的目的是认识结构空间,锤炼表现技法,锻炼理性思维和形象思维的能力。所以,一个学会思考、善于思考的学生能够在发掘自我能力和不断的自省中提高各方面的能力。

三、必要的条件

（一）主观条件

首先学生需要在基础造型上具备一定的能力。为了知识结构的完整性,本书虽然在某些基础技能方面有所提及,但仍然需要学生在具备一定造型能力的基础上来理解这些理论在专业造型上的新的含义。兴趣是最好的老师,对自身所从事的事情的关注和热爱能够确保具备积极的学习态度和对自己在专业素养上的更高的主观要求。

（二）客观条件

完善的理论体系和科学合理的实践方法是学生始终走在正确路上的保证。在这个过程中,需要有物质条件和环境条件的配合,如阅览大量的参考书籍,教学过程中教具的提供,以及完备的师资力量。

第三节　服饰素描的要求

既然服饰素描的存在是为了培养服装设计专业学生进行造型的能力,那么在学习过程中,需要教学双方都有具体的有针对性的要求。除了需要解决一般的造型技能,更需要从人物、服饰两个方面来解决空间、结构、光影以及造型的创造力等等这些与专业特性密切相关的造型能力。而画法上的要求则是以线画为主,以表现形体、结构、明暗、空间、质感为目的的一种画法。本节从基本要求、提高要求两大块来总领这些具体内容。

一、基本要求

（一）空间的合理性

在设计表达中普遍存在两大问题:一是作品的空间感差;二是作品缺乏想象力。两个问题都影响到作品的质量和深度,两者的问题都源自对基础造型素描的认识和训练不足。

　　空间感是素描造型的重要因素。服饰素描注重对形体结构的理解,首先在空间与立体的表现方面,服饰素描要求画者具备很强的三维形体意识。训练在实际空间上对三维形体的理解和表现,例如在服饰素描中要表现衣物对人体的包裹感,饰品与人体之间的结合关系。其中,空间的合理性表述就显得非常重要,其包括两个方面的含义,一是形象要有空间感,二是在空间内形体和形体的组合、相互之间的逻辑关系要合理。对于三维空间的想象和把握,设计者的表现是为了创造实实在在的样式和造型。也就是说,平面的表现终究要向立体的运用过渡,而这种能力正是设计者所需要的。

(二) 形体结构的清晰性

　　形体结构表达的清晰性是服饰素描最基本的要求,也是让作品的受众能够准确无误地理解作者意图的保障。这就要求作者本身对形体由一个由表及里的理解和剖析的过程,继而给受众提供一个有说服力的形象阐述。从广义上说,结构这个词有四个含义,外部结构、内部结构、形体空间结构及物质构成结构。

1. 外部结构

　　外部结构是指形态外部的形状或轮廓,是视觉感受形态最基本,最直观的特征之一。外部结构影响形态(或造型)的整体形象,体现形体的造型特点以及比例关系等(图1-3)。

图1-3　物体外形结构的概念

2. 内部结构

　　物体内部结构的概念是形态内部各部分之间结构界线的总称,包括具体的装饰线,表现色域的边界线,体面结合的棱线和线角,是形态内部各部分结构的图示化的表现(图1-4)。

3. 形体空间的结构

　　形体空间的结构认识是指形体本身的结构、形体所占空间的结构,通常也称积量结构(图1-5)。

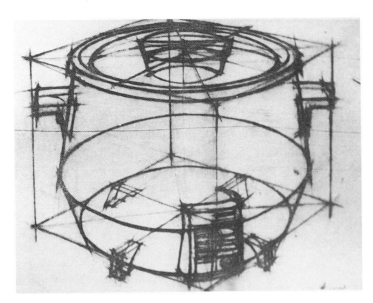

图1-4　物体内部结构的概念

图1-5　形体空间的结构

4. 物质结构

物质结构是构成形象的物质形式。指材料所构成的形态实体,以及材料所体现的质感视觉效果和视觉量感(图1-6)。

图1-6　物体物质结构的概念,其中由玻璃、金属、木制品和其他组成物质的质态构成

（三）影调的适度性

服饰素描应突出平面性、阐述性、装饰性,多一些线性素描因素,减弱一些没有必要性的明暗调子的干扰,以强调其能够配合这方面需要的功能性,这是服饰素描与其他素描的区分之处。

二、提高要求

（一）现实与想象的结合

在服饰素描的初期要求充分尊重对象,对形象进行客观的描述。若没有形象经验积累的基础,任何创造都是苍白的。正如在服饰素描的功能性中指出的,服饰素描强调的是在掌握一定的造型方法后对对象进行总结和在多维度上的形象再创造,创造形象需要有造型上的客观依据,并不是空穴来风、主观臆造。所以,服饰素描要求的是现实和想象的结合,两者互为依存,不可偏颇。

图1-7 达·芬奇为古代士兵作的素描习作
在客观参照物的基础上,艺术家融入了主观想象的因素,进行对其特点和主题的夸张和强调,以达到给受众强烈的主题感受。在保留客观依据的同时,充分发挥作者想象力,以达到最佳的表现效果

（二）艺术与技术的结合

通过服饰素描的一些基础课程学习,掌握了一定的表现技巧,具备了相当的水平之后,允许突破某些步骤的束缚,在符合客观造型依据的前提下,充分发挥个人的想象力和创造性,为能获得更为理想的效果,不拘常法地进行特殊艺术处理。这是服装素描最终的专业目标和要求特点所决定的。正如石涛所谓"从无法到有法,再从有法到无法,无法是为至法",其中"无法"就是指艺术表现环节,从认识论上说这也是到"自由王国"的必然路径。

（三）再现与表现的结合

再现其实是视觉形象的一种复制,是形象的客观依据。表现性素描从理念上说是表现主义绘画的延伸,突出、集中表现事物的本质特征。这两方面因素在服饰素描中的综合运用是很重要的。既要表达合理性又要在艺术趣味上有一定的要求。例如在服装画绘画中常表现为造型的扭曲和夸张、色彩的强烈和主观,有很强的视觉冲击力。在服装画上运用这种画法可以通过对典型对象的选择、集中、概括、再创造,使表现的效果能引起人们的情绪共鸣。

三、与服装专业设计的关联

服饰素描教授的是关乎形象的一种造像方法,而这种方法还是落实于服装设计在具体成衣制作之前的各个环节中。形象素材的收集、表达设计构思、绘制服装效果表现图、款式图等,无一例外地运用到了服装素描思维的方法和实用技法。通过不同形式的服饰素描训练,研究人与物的构造、相互关系、表现方法,用一种单一的形式把涉及专业设计的相当一部分流程演绎一遍,是对初学者全面掌握专业方法、技法的必要环节。它所训练和强调的是表现人物服饰的艺术手法,例如:研究人体的构造,把握人体内在结构关系与外在形式的整体感;对服装画环节进行熟悉;对形象和服饰进行概括、取舍、归纳、组合来表现浓厚的设计意识、创新理念和形式美感;从不同的视觉角度对服装或人体进行重叠、穿插、透叠等,使画面特征更突出,创造具有形式美感的视觉图像,体现科学与美术、技术与艺术的完美统一,这些方面都是与服装设计息息相关的。

本章小结

本章主要把服饰素描的概念进行了明确的定义,并把它的训练方向、要求等作了详尽的阐述,使学生对本科程的目的、过程有总体的、详细的了解。

思考与练习

1. 通过看参考书籍了解和思考素描发展的脉络和服饰素描的训练方向。
2. 通过本章的讲解理清学习的方向和思路。

服饰素描的基本概念 | 第二章

是艺术隐藏了艺术（E'arte a nasconder I' arte）　——多尔切

大卫·罗桑德《素描精义》

第一节　透视的概念

透视是一种用理性的观察方法来了解和解释研究视觉画面和视觉空间关系的专业术语。透视学其实是对人的眼睛和现实空间物体之间的关系的探讨和总结。运用几何学和艺术表现相结合的方法，使画者能够在二维平面上进行三维空间的描述，即长度、高度和深度的表现，做出符合视觉规律的图画，传达出现实空间物质在平面上的正确表达。此节主要通过透视现象的形成，透视的种类，透视的运用三个主要部分来阐述透视的概念及其运用，并充分结合服饰素描的具体专业要求着重在人物服饰的平台上寻找解决方案。从而使学生能够更清晰直观地掌握有关透视概念手法在专业上的运用方法。

一、透视现象的形成

透视现象的产生是由于空间产生而产生的，我们看到的形象都是从某一角度所见的片面的形体形象。视觉形象是经过透视缩减，并非形体的本形。我们认识和描绘形象是以视觉形象为依据，然后通过一些透视规律来推导出一些视线所不能及的形体结构，因此全面认识和描绘视觉形象离不开对透视现象的认知和表现。也就是说，形体的视觉形象受到透视法则的控制，简单来说，视觉形象＝客观对象＋透视法则。在素描的过程中，认知和表现透视现象是一个不可被忽视的重要环节，透视现象的规律受以下两点的影响。

（1）视点位置不同（如正视、侧视、仰视、平视及俯视等），受人们视点角度的制约，其视觉形象的展示面各有不同，被视物被形体遮挡的部分则无法看到（图2-1）。

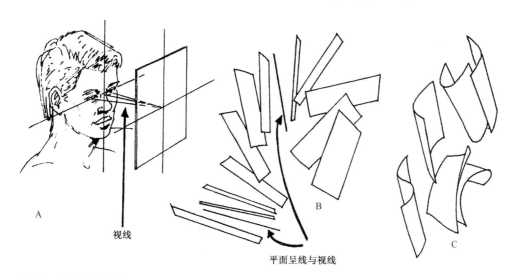

视线

平面呈线与视线

图2-1　视点位置不同

（2）受到视线远近的影响，以视点为准，物体由近及远呈现由大到小、由长到短、由宽到窄的视觉变化，另外受到视线远近的影响而产生了近端物体清楚、远端物体模糊的空气透视现象（图2-2）。在视觉形象中，比例与透视是密切相关的，透视法则作用于视觉比例关系。如果掌握了透视法则并能熟练运用,就可以更好地理解和描绘在某一角度观察下形体的视觉形象,从而正确地反映形体本身的客观性。

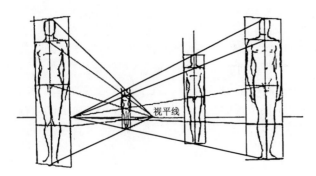

图 2-2　受到视线远近的影响

二、透视的种类

1. 一点透视

　　人的视点位置在形体的正面,在视平线上只产生一个灭点(图2-3,图2-4)。

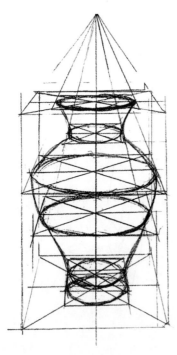

图 2-3　一点透视在视平线上只产生一个灭点

图 2-4　西格蒙德·埃博利斯 《黑卡玛索,黑夜》 马萨诸塞州布鲁克林特里沙恩菲特收藏
一点透视是视点集中在人物正面形象时形成的透视现象,在服饰素描中由于它具有对形体空间的表现不强,但对形体的整体把握好这一特点,因此被经常用在要求形体完整度高的作品中

2. 成角透视

　　人的视点位置在形体的侧面,在视平线上产生两个灭点(图2-5,图2-6)。

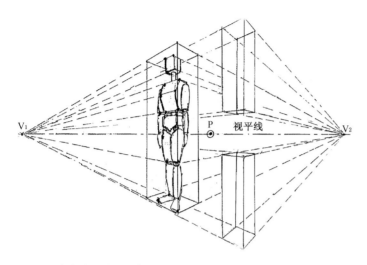

图2-5　成角透视,在视平线上产生两个灭点

图2-6　卢卡·坎贝尔索　《圣保罗之皈依》　普林斯顿大学艺术博物馆
用概括成不同立方体的方式来理解人物、服饰在运动和空间中的成角透视状况。对最大程度
的利用和表现空间来说,成角透视法可以使我们达成这一目标。因此,此方法在对空间结构表
现要求较高的服饰素描中经常被采用,成角透视在表现人物服饰素描的形象和空间的生动性
方面有着很强的优势

3. 三点透视

站在仰视或者俯视的位置时,人的视点对形体除了一点透视和成角透视之外,在形体上方或下方形成了另外一个灭点,我们称之为三点透视(图2-7,图2-8)。

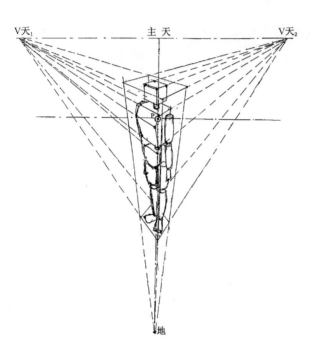

图2-7　三点透视

图2-8　加地·祖卡理　《男人背影习作》
华盛顿特区国立艺术画廊
人物、服饰在一定的视角下产生的三点透视现象,采用三点透视的造型手段可以营造出人物服饰形象给观众的非常规的形象印象。画者把对形象的理解和感受通过透视手法的运用传达给观众。在服饰素描中,此方法的熟练掌握对表现人物服饰素描的特质有很大的帮助

三、透视的运用

在描绘复杂的人物形体时,透视的法则是图解视觉形象的工具。充分运用这个工具可以使我们能够在二维的平面上作出立体的、空间感的形象。透视理论在实践中的运用可以由简到繁的分为以下几步来做。

首先把形体分成几个关键的组成部分,然后在一定的视角下对这些部分的形体透视变化作出判断。认识到在视角和形体运动两个因素的作用下,彼此的方位关系、体块的透视变化(图2-10～图2-13)。其中要特别注意同一平面中透视线方向灭点的一致(图2-9)。

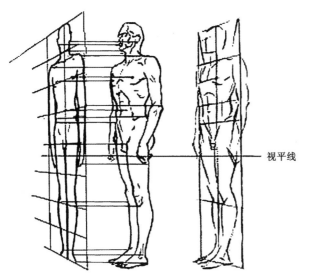

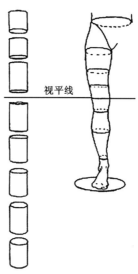

图2-9 人体各个部位都有平衡的对称关系,正面直立的人,双肩、双跨、双膝连线都构成水平线,这就是平行透视直立人物。如果这个人侧立于你的视觉前,那么就进入了成角透视状态,身体各对应部位的连线关系将随同整个人体的消失方向形成两个消失点。注意一平面的透视线灭点的一致

图2-10 用基本形体(圆柱体)在一定视角下的透视变化来理解人体透视面的变化

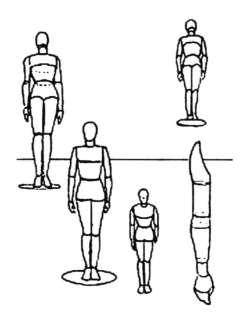

图2-11 以头颅的空间透视为例反映视点的变化带来的形体变化

图2-12 形体在透视的变化中产生形状变化

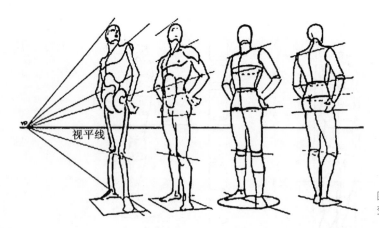

图2-13　形体在透视的变化中产生的形状变化

其次对由于透视原理而产生的形体在空间的比例缩减变化(图2-14~图2-17)。

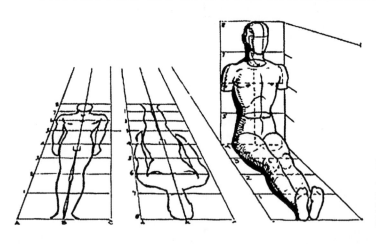

图2-14　正常视角下的站立人体8:1头的身高等分,但是在视角和姿态变化以后,形体在一定的视角中产生了透视比例缩减的变化

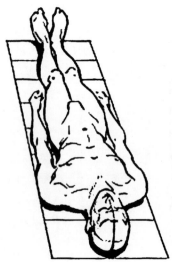

图2-15　形体的比例随着透视的变化而缩减

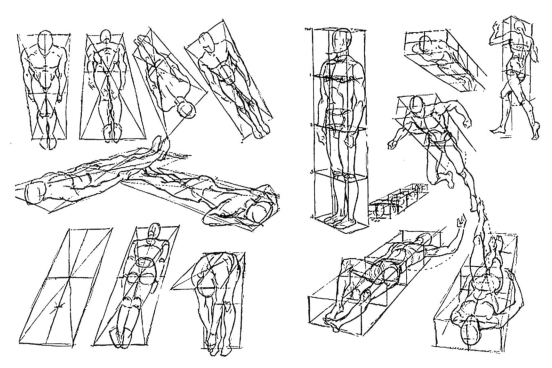

图2-16　形体的比例随着透视的变化而缩减　　　　　图2-17　人体在空间状态下的透视变化

　　第三是透视与空间的关系,形体由于视线的远近变化也会产生透视变化,同样形状尺寸的形体处于近端大,而远端的较小(图2-18)。当形体正面面对我们和侧面面对我们在视觉中产生的空间进度是不一样的,所以运用成角透视和三点透视作出的形体所获得的空间感更大。

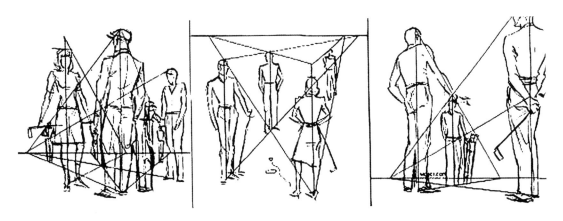

图2-18　人物单体和组合在空间中的透视关系

第二节 形体、结构的概念

形体和结构这两个概念对于学习服饰素描乃至服饰设计来说是两个最基本与最重要的认识环节。此概念在运用中几乎渗透了服饰造型过程的每个环节,但是在理论上忽视了研究和总结,导致了许多学者在造型上抄袭模仿能力较强,但自主造型的能力极低这样一个专业水准的现状。形体和结构首先是立足于认识,然后是实践与运用的两个概念,目前国内理论界对其形体上的建设和发掘偏少,总认为实践中能够得到造型准确就可以了,而国外理论界对于这些研究和总结的成果颇丰。因此本节对借于他山之石的有益方面有一定浅涉,目的是从什么是形体、怎样认识形体等方面做一些认识上的总领,从而使我们建立形象是形体,是通过多样的有内联的结构组成的这一认识。

在人类几千年文明中,无时无刻不在探索宇宙万物的生成规律,从宇宙黑洞到粒子的运动,从万物构成的生态到基因和分子的结构研究,无不是通过研究其生成原因、构造和发展趋势来了解它们,归纳其中的自然规律,总结我们对自然界的表象之下的内因的法则,从而完成人类对自然界从无知、恐惧到能够最大程度的与自然界长久的和谐相处的转变。在这其中,最早的也是最核心的一种工具——数学为人类所掌握后,这种探索和总结纳入了一切自然科学的基础平台。它提供了一种方式,即用逻辑的方式去揭开自然界的所有规律的奥秘。

在人文学科中,人们也试图找到一种能够解释人文领域所有学科的内在生成规律,如果需要总结的话,我认为应该使用形象思维来解释形象这种方式。如果说数学对于其他自然科学的影响是以单向的推导的话,那么用形象思维来解释形象这种方式对于人文学科的影响是双向互动的。为什么这样说,我们知道在文学领域,语言的出现最初是为了描述对象,但是发展到现代,对象则需要的不仅仅是被描述,而是需要被创造出一个新的形象。在音乐领域,音符的产生是人们为了表现个体的喜怒哀乐及自然的万物变化。从这一层面来说,音符完全是被动的,但如今音乐的发展完全可以用音符的元素以你从未知的方式来影响你的思维和情感。从视觉艺术领域来说,人类最早会使用三角形来解释山脉,用圆形来解释太阳,用方形来解释房子,然后人类知道运用三角形、圆形和方形的组合来表现它们的生存环境状态。他们慢慢地懂得用不规则形来解释更复杂的形象。这一系列的演变使人类学会了怎么用一种形象方式来解释另一种形象,最后表达出自身的所思所想。而到了现代,人类学会了如何用三角形、圆形、方形诸如此类的形态来创造出思维后产生的新形象。这就是人类对形体的了解和表现从被动到主动的过程,也就是我们为什么以哪一种方式路径去了解形象,然后最终完成经过我们的思维、情感、环境等诸方面影响下的形象思考的结果。

正如我们所说视觉艺术作为人文学科的一个组成部分,其核心就是用形象来解释形象。那么作为形象的两个组成部分,形体和结构是构成一切物质的空间状态的要素。

形象的认识和描述是以比例尺度的概念、形体的组合空间概念、动态的分析等方面为重点,由物体的表象到本质体会由形体结构分析理解到理性认识的思考过程。运用比例关系透视法则来理解物体外在和内在的结构特点。结构是形体的内在本质构造,它决定了外形特征和功能性。形体结构本身的含义包括三层,第一层是形体本身的组成构造。第二层是形体组合的构成关系。第三层是形体对空间的占有关系。对结构的理解用的是理性的方式,它本身不是目的,而是一种方法,理解形象进而创造形象。

　　形体是处在三维空间的立体状态,由于视角的原因,视线的阻挡,要在一个角度内获得其整体的形体构造的概念是困难的。为了对形象进行深入研究了解,以便形成对该形象明晰的形体概念。也为了总结形象内在的形体关联,有必要对形象进行多角度多层次研究性的描述。在形体结构描绘中,深入对象内部,对对象进行拆卸、组合、思考(图2-19,图2-20)。结构分析有助于我们理解形象是由一个或多个形体的组合所产生的。它将培养我们对物体内在深层机制的自觉关注,使我们在一种确定的描绘过程中,直观感受到内在的因果关联。用基本形体平面图形如三角形、圆形、方形、不规则形或立体形体(如圆柱体、球体、方体、圆锥体等)的概念介入对实际形体理解和描述是一个必要过程。在这个过程中能够锻炼学生对形体组合的思考和应用,以及对于空间的构想和建造的能力(图2-23,图2-24)。作为服饰素描与之相关的形体结构研究我们分为三个部分,即对器物的形体研究,对人体的形体研究,对人体和服装的形体研究。

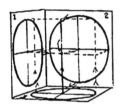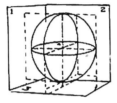

图2-19　平面和空间的对应关系

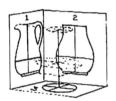

图2-20　平面和空间的对应关系

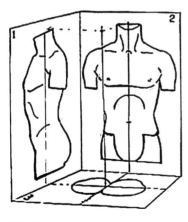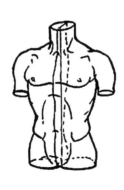

图2-21
平面和空间的对应关系,内部剖面与外形的基本关系。基本形体,器物人体之间的自然形态的演化关联,基本形态与最终表达对象的造型思维上的嫁接

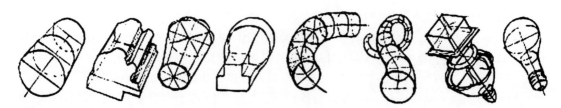

图2-22   通过对基本形体的剖面的分析,搞清内部结构与形体外形的联系

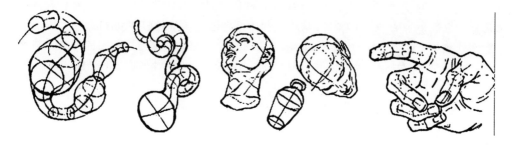

图2-23   通过对基本形体的剖面的分析,搞清内部结构与形体外形的联系

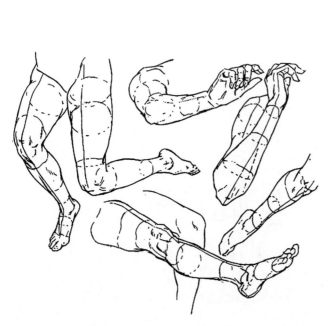

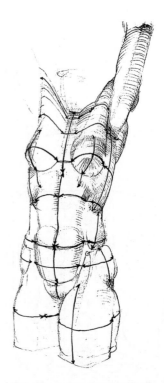

图2-24   对人体基本形态的研究是建立在对基本物体内部及外部构成的认识的基础上,这就教会我们如何对一个复杂的物体进行造型的规律化、原则化的总结和应用

图2-25   由形体的剖面形状而产生的外形变化的情况用形体纵深的曲线图来说明

一、器物

器物作为我们形体研究的最初对象,有着形体简单、形体的组织结构逻辑清楚等特点。我们对器物进行的形体研究是了解形态构成原理,构造与形态之间的基本关系,建立认识物体与表现物体之间内在的逻辑链,提供基础性的客观依据,它教会我们如何对形体进行思考和表现,即用最基本的和简易的方式进行造型思维,养成这种思维习惯然后对客观的或主观的表达对象进行构造和表现。所以我们运用器物这种介质进行对形体概念最初的探讨是重要和有意义的。器物最本质的形态我们可以概括成自然界的基本形态即圆形、方形、三角形等。这种形态是形体外部的外型形态和内部结构(剖面)的形态。内部结构(剖面)的展开也就是形成了形体外部的直观状态。这也就是所谓内因决定外因。而这些三角形、圆形、方形的不同方式的组合也构成了具体的形态。解决了形态的结构问题、比例问题、平衡问题等诸多视觉艺术中的基本建造。

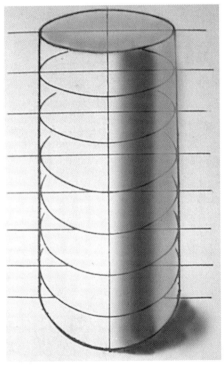

图2-26　人体
几何体研究人体与服饰形体的相关性,可以把人体服饰理解成简单的几何形体,从造型和影调上进行基本的概括,使之形体感更强

图2-27　几何体

二、人体

从整部艺术史看来,艺术家对人体表现的探索占了极其重要的部分,原因是人体形态集成了自然界所有基本形态,是自然界所有基本形态在一种介质上的综合反映和终极表达(2-28)。他们对人体的研究也是从最初的自然界形态为出发点的,即用圆形、方形、三角形等形状和构成来描述人体的基本构成的,其中包括外部形态和内部的构造情况。例如头部可以用圆形来概

括,胸部可以用椭圆形来概括,而背部可以用三角形来概括,四肢可以用长方形来概括(图2-29~图2-32)。人体内部空间构造我们可以用不同直径的圆形支撑来理解。在运用过程中这些基本形态只是我们解决方案中的标尺,在这个标尺下人们对具体的个案可以进行有区分的、个性化的描述。在人体形体造型中运用基本形进行概括和组合可使我们能够进行快速、熟练、透彻的理解和表现(图2-33~图2-43)。在这种造型思维的影响下进行的造型行为可使人们所做的人体形态更具备有形体感,可确保这种创造的形象不是盲目的、苍白的。

图2-28　人体所特有的强烈而鲜明的形体感

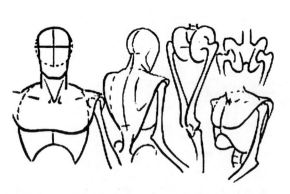

图2-29　用基本形的概念对人体各部分形态进行理解和概括

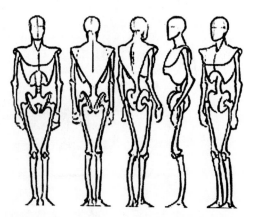

图2-30　用基本形的概念对人体各部分形态进行理解和概括

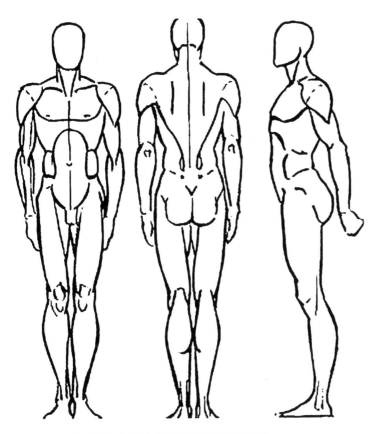

图2-31　用基本形状对人体各部分形态进行理解和概括

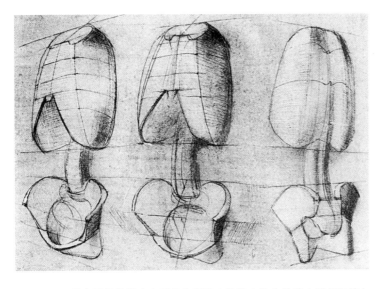

图2-32　用基本形体的概念来理解和表现人体两大结构的基本形状和转向关系

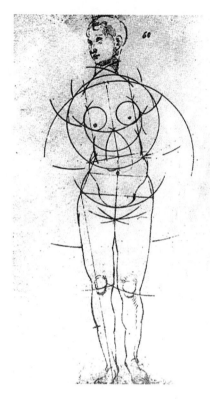

图 2-33　丢勒　为人体做的素描习作
在这幅可以称作为研究型的素描中我们
可以看出，大师所理解的人体图形近乎纯
粹和本真。人体构成被理解成一个中心
圆与以此为中心的拓展圆的组合

图 2-34　达·芬奇　人体素描习作
形体被理解和简述为块形和条形，配合带
有指向性的线条加以完成，给人以强烈的
形体构成暗示，从而可以反映出大师杰出
的形体观

图 2-35　加斯顿·拉雪兹　《裸体女人的背影》
布鲁克林美术馆
图形对于形体的解释是通过点线面的方式来完成
的，女性体型特征被肆意夸大，头部比例缩小，为
了完成这一图形在视觉上的平衡协调和合理性，
于是头部被处理成画面的种色调区域，从视觉上
拉回了与硕大的身躯在比例上的失衡感。躯干部
分被描绘成了两个方向相反、大小不一的梨状形
的结合。小腿部、脚部有意识的缩小以衬托形体
特征，一般来说受力点越小受的力越大，所以我们
感觉被收缩了的脚形为躯干提供了有力的支撑。
形体的处理与视觉力点的巧妙配合被隐藏在一幅
杰作之下

图 2-36　理查德·迪本科恩　《抬着腿坐着的裸体》　纽约
大都会美术馆
人体被概括成正方形、长方形的变化组合，以切合形体方正、
稳重的主题。腿部的弧线对形态做出了必要的修正和调节，
使得主观性和精确性得到了统一

图 2-37　大卫像　米开朗基罗
综合反映有关人体的形体、形式
美要素的典范

图 2-38　Emilio　Greco
形体的侧面表现一般是有难度的，因为侧面通常无
法提供形体的完全面貌，肩部的前倾与胯部成90度
方向的转向。前臂的开合从最大程度上扩大了形体
的展示面与生动性

图 2-39　Emilio　Greco
上身、下身形成两个剪刀形的组合。形式有变化的
重复，产生节奏感，使人体站立时的动态个性的表现
达到最大化

图 2-40　Emilio　Greco
人体站姿的三个视角。形体腿部、臀部、胸部、头部
成团形的透视缩减变化，强烈暗示着表现的主题，
人体呈现几个团状的形体的套接

图 2-41　Emilio　Greco

图 2-42　Emilio　Greco

图 2-43　Emilio　Greco

人体站姿三个不同视角形成的形体特征。对雕塑
作品的分析可以使人们摆脱来自平面二维对人的
认知思维的束缚。因为一件好的雕塑作品一定是
从任何角度都能反映出形体的特征，形体在任何
一个视觉面的形象必定与人们对形体的未见面有
着逻辑上的联动关系

三、人体与服装

从人类发展的历史上看,人和服装没有与生俱来的关系(图2-44)。服装是随着人类自身的自觉意识而顺应产生的,所以它注定就是人体的一个附属产品,是一个为了配合人体而生的产品。其含义来自两个方面,一是社会学方面的,人类有了社会认知后才提出了服装的需求,因此就有了男装、女装、童装之分,服装具备了性别识别特征。二是与人类的活动息息相关,它又具备了功能化需求,这样会对服装在不同的场合环境有不同的要求。例如裤子与裙子的功能差异,泳装、猎装、正装的功能差异。这些都是人体和服装在社会学层面上的互相关系。

图2-44　古埃及壁画　大英博物馆
人体躯干的上半部分、下半部分与服装的组合被理解成两个方向相反的梯形的组合。形体感觉稳定而厚重,具有神圣庄严感。为了打破主要形体直线形的呆板感,饰品部分的形态做出了几个圆弧形的调节

图 2-45　亨利·马蒂斯　《坐在扶手椅上休息的舞者》　加拿大渥太华国家画廊
倾斜状的躯干与张开的双臂呈倾斜状的十字支撑,配合大量圆弧形的造型,使画面张力达到最大化。人物部分的圆形、方形的概括使每一部分的形体特征化强烈。上下半身两个三角形的安排既调节了呆板的形体又从视觉上体现了节奏和次序,韵律感极强。人物服饰和椅子一个呈收拢状,一个呈发散状,增强了人物在椅子上的包裹感和稳定性

从人体与服装的审美角度来看,人类在这方面进行了长时间的关注和推进。人类在人体和服装审美的历史发展进程就是对人体形态和服装形态之间的个体研究和整合的过程(图2-45~图2-48)。这其中经历过由简到繁到个性化的主动选择。这一过程,原始社会人类只知道用树叶、兽皮等自然材料的简单围合来构造一件衣服。随着生产力的发展,自然科学和人文科学的进步,人类喜欢用他们认为所有美的元素来对服装进行装饰。这其中服装对人的影响就整个人类世界来说只存在地域性的差异。而到当代在统一地域社会中不同个体的选择权得到尊重。对服装和人体的研究已向着个性化,具有创造性的方向发展,这就意味着许多以前有关这方面的法则和约定俗成的做法将被更新。这些发展过程里面的核心就是服装形态如何与人体形态进行配合的问题。

图2-46 理查德·迪本科恩 《坐着的女人之44》 纽约州立大学艺术博物馆
人物服饰的造型进行了扁平化的处理,以突出反映作者看待形态的角度。毫无疑问对空间的压缩能够更好的使作者和受众去关注人物和服饰,平面成型的一些方式。例如:斜方形的人体通过前者提供了从头部到腰部的形态上的联系和着力点的平衡。后者脚的方向有意识的朝相反的方向即明确指向了人体重心的方向。呈直角梯形服饰的造型的有力支撑,前臂支撑和脚掌的三角形又形成了局部形体的支撑

图 2-47　Percy Wyndham Lewis　《系腰带的女人》　大英博物馆
人体与服饰在右侧形成了一条贯穿上下的弧线,左侧的形态以三角形和垂直线为主,为形体提
供支撑。左胸延续的线条贯穿到了右侧,形成了上下半身视觉上的连接。服饰的形态明确,对
人体进行了概括、肯定和修正补充,人体的形态与服饰有强烈的附属配合关系

图2-48　威尔·巴尼特　《黄昏时人和猫的研究》　阿肯色州艺术中心
人体服饰造型舒缓简洁，线条概括。整个形象呈 L 形，达到特殊的形式美感。
形象单纯而不单调，形成特殊的风格样式

（一）形式上的配合

　　形式上的配合是用何种图示语言来解释人体和服装两部分所能达到的吻合度，就是我们如何就这一主题来进行这种形式上的匹配。例如我们如果表现洒脱简约的形象就会用修长的形体和与之相符的服装形态加之流畅挺拔的线条来表现（图2-49、图2-50）。如果表现张扬特征的主题就会使用与之相配的形体动作与服装形态加之有力的线条来表现（图2-51）。

图 2-49　不同的形象要用与
之相符的服装形态和线条来
表现（男性）

图 2-50　不同的形象要用与
之相符的服装形态和线条来
表现（女性）

图 2-51　张扬特征的主题使用与之相配
的形体动作与服装形态

（二）形态上的配合

　　服装是为人体服务的，必然受到人体形态的许多客观限制，反映在表现上是人体结构对服装形态结构的影响力。服装形态的收放与在人体上的承载是相关的，如女性服装腰线内收是为了更好地突出其性别形体特征。服装在人体上的承载点往往就是人体上主要的结构支撑点，这些是我们研究表现两者形态结合的重要依据。

　　只有了解了人体和服装以上方面的关联度，才有可能把它们作为一个有机的整体进行形体结构方面的研究和表现（图2-52～图2-56）。

图2-52　形体和服装形态的组合是由纵向、横向和斜向的长方形的组合叠加来完成的，以配合其硬朗风格的主题表现

图2-53　人体的基本形态呈楔型而服装的基本形态呈漏斗型，对人体、服饰的形体处理使得它们的组合在整体上达到浑然一体的契合感。荷叶边的服装衣褶的形态对硬朗的人体形体起到舒缓作用

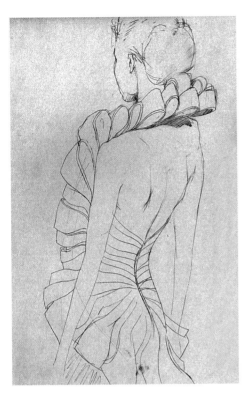

图 2-54　背部简洁的形体和线条与前部曲折变化衣褶的带有丰富变化的线条形成节奏上的反差和对比。从结构上的简繁对简单的人体形体处理与复杂的服饰结构进行区分,在特定的视角得到合适的体现

图 2-55　服装在人体上的承载点与人体结构点的因果关系

图2-56　人物服饰动态呈 S 形,
帽子和宽松的衣服对动态作了具
有垂直感的修正,使整个形体的
造型更加稳定

第三节　影调的概念

　　影调的运用是西方造型艺术中极重要的手段。影调的概念对中国人传统的造型观的影响是西方传教士在 14 世纪中叶通过西方宗教艺术在中国的传播而产生的。首先通过影调的运用可以使形象从二维平面转化为三维立体,从而使形象的真实感得到充分的体现。其次影调的运用使中国人数千年对于形象的思维逐步由线状思维向面状思维进行转变,这是一个非常重要的形体观上的转变,有利于对客观世界建立一个理性的思考习惯。本节从影调的形成和基本原理等方面来阐述有关影调的概念。

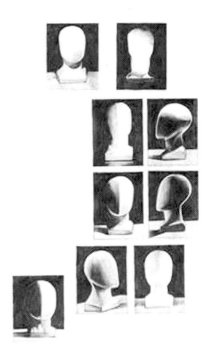

一、影调现象的形成

　　影调的形成是由于光源对物体的投射而在物体表面形成明暗的变化(图 2-57)。影调的运用可以带给人们对物体产生结构、体积、空间的全面视觉感受。

二、影调的组成

　　影调的组成部分是由受光面和背光面组成,其中又分为亮面、灰面、明暗交界线、反光、投影五部分(图 2-58,图 2-59)。

图 2-57　光源对物体的影响、其中有顺光、平光(散光)、逆光、顶光、侧光等对物体的影响

图 2-58　影调由五部分组成

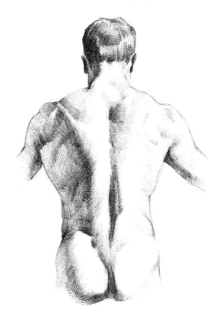

图 2-59　影调原理在人体曲面上的分布

第四节　线条的概念

　　线条是在造型领域运用最广泛、表现力最强的一种造型手段。也就是说它的所能够达到的表达力、表现力的广度和深度以及它今后在视觉艺术的其他方面的表现出的扩展力都是显得非常重要和强大的。本节从线条在艺术史上的发展脉络来讲述线条的基本功能和属性。简而言之,就是平面→空间→平面,装饰→写实→装饰的发展过程,希望通过展示这一行程,能够提供学者在认识和学习过程中的宏观把握。

一、线条的造型历史和风格功能演变

　　线条在人类认知世界进而表现世界的漫长过程中是最早被人类在视觉传达上所运用的手段。几千年来,线条运用和演变史贯穿着整个东西方艺术史。它的表现力和它自身的发展力是其他表现手段不能替代的。人类认识和运用线条的过程经历了三个阶段。

1. 第一阶段是原始社会(史前文明)到中世纪(5—15世纪)前

　　这一阶段人类对客观世界的描绘反映出以下特点:记录性的、平面的、使用工具单一,从这几点来说艺术还未上升到作为整个社会上层建筑的地位。但是线条作为造型的手段的一些可贵的禀性已经初见端倪,第一是线条具有对形体的强有力的概括性,第二是人们发现了线条与生俱来具备的形式感(图2-60)。

图2-60　魏晋墓砖石刻
凤凰的表现用了简练而有力的线条带着强烈的装饰性和记录性

2. 第二阶段是中世纪开始(约15世纪)到文艺复兴时期(14—16世纪)及以后

　　人们开始探索视觉空间的三维性的表达方式,发现和制定了绘画的明暗法则。此时素描的主要面目是线条加明暗手法。明暗法则的出现使人们对空间的理解和表达到了一个能够自由驾驭形象的境界。特别需要关注的是19世纪的古典主义大师把明暗法则嫁接进了一些纯粹以线条这种形式绘制的一些素描作品中(图2-61)。

图2-61　拉斐尔
丽达与天鹅素描稿
文艺复兴时期把明暗
的手法植入线条的运
用中,以表现形体空
间的丰富性,从而改
变了以往线条只能表
现平面化的局限。使
其也能表现出空间的
变化,从而使线条这
种古老的表现形式有
了全新的生命力,而
且这种手法现在被大
量使用

3. 第三阶段是 19 世纪后期到近代

　　艺术家们又把线条的使用回归于它的本真状态(图2-62),即还原于它的平面性、直接性和装饰性功能。

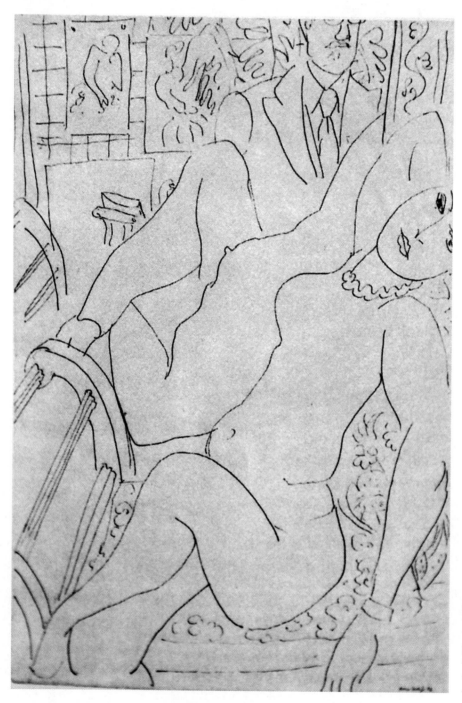

图2-62　亨利·马蒂斯　《艺术家和模特镜中影像 1937》 巴尔的摩艺术博物馆
线条的平面性、装饰性、解说性从19世纪开始又被人们重视和运用

本章小结

　　本章主要对服饰素描所涉及的一些基本概念,如透视的概念、形体结构的概念、影调的概念、线条的概念进行了阐述。目的是在实际运用过程中这些基本概念能够在实践中有具体的体现。

思考与练习

　　1. 思考并练习三种透视法则在服饰素描上的运用。

　　2. 通过本章讲解思考形体结构的概念,以及运用这种概念影响下的方法思考服饰素描具备的造型观。

　　3. 思考和掌握影调、线条的基本概念及大致功用。

服饰素描基础性训练 | 第三章

头脑中形成丰富的素描理念（Molto disegnoentro la testa）　——詹尼尼

大卫·罗桑德《素描精义》

第一节　几何形体生活器物及服饰品训练

　　几何形体的训练对于认识、理解及表达客观事物的实践方面有着重要的作用(图3-1～图3-11)。从认识上来说我们可以把一切客观对象理解成不同的几何组合,从实践上说可以把复杂的形体归纳成形式相对简单的几何体来进行初步的形体表达。对几何形体的理解越深入,就能够在今后的专业造型中清晰地表达造型意图。本节从几何形体和生活器物的研究和表现方法入手,进而推向专业服饰品的表现,以展示形体造型由简入繁的步骤脉络,此三步的训练能更好地建立初学者正确的观察方法和造型观。

一、几何形体生活器物的训练

　　在这一环节中要使学生努力排除明暗色调、材质肌理等非结构因素的影响,要能够理性地推理和表现出画家看不见但确实存在的、符合逻辑的、符合透视规律的、合乎物理性的内在结构,能够充分考虑到物体局部与整体的组合、分离关系等。并且要直接用虚实不同的线,将物体的比例、轮廓、结构转折等本质因素描绘出来。还要研究线的表现力和结构因素在画面的张力,培养学生敏锐的感觉能力及理性的推理能力(图3-1)。

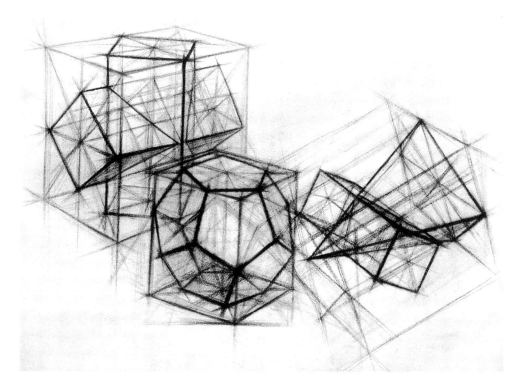

图3-1　物体有机地组合在一起,要求画面构图要有变化、多样统一、均衡和谐、透视正确,以线的虚实变化表现出形体的内外部重构关系以及重叠关系

作画步骤

（1）确定基本构图，归纳几何形体。根据构图的基本形式将物体合理地组合成一个完整画面。在构图时要注意主次分明，将主体物安排在视觉中心，同时也要注意画面的平衡与相互呼应关系(图3-2)。

（2）明确各物体的位置及前后关系，比较比例关系，勾画大体轮廓，在画出大的几何形态的基础上，进一步画出各个形体的基本比例关系。准确地把握画中形体的比例关系。解决好图中各物体的透视关系。交待好结构关系。在确定了正确的比例关系之后，要进一步画出物体的各种结构，结构的交待要从整体出发，由里到外画出各种结构面的转折与延续，理解和表现形体的穿插，防止单调和空洞(图3-3)。

（3）深入塑造形体，强调空间关系。减弱明暗光影的影响，不需要明暗全调子的描绘。它着重表现形体结构中各个部分之间的组合和内在关联，加强线条的准确性和表现性。理性思考的同时可以加入一些感性的表达增加画面生动性(图3-4)。

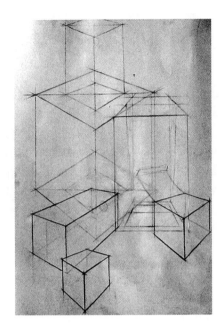

图3-2　确定基本构图

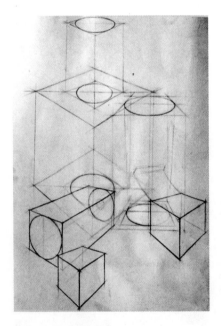

图3-3　勾画大体轮郭

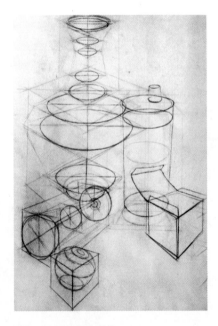

图3-4　深入塑造形体

（4）整理归纳，调整统一。完成深入细致的刻画，使画面的整体效果更统一、更概括、更生动。在整理归纳时，对结构转折地方要作明确肯定，主要的结构线要连贯起来，同时还要细心地检查形体和背景空间处理是否整体(图3-5~图3-9)。

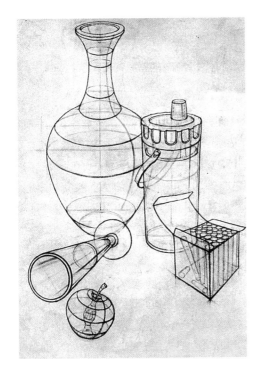

图3-5　整理归纳,调整统一(一)

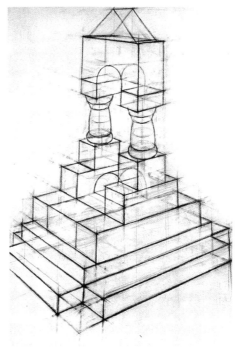

图3-6　整理归纳,调整统一(二)

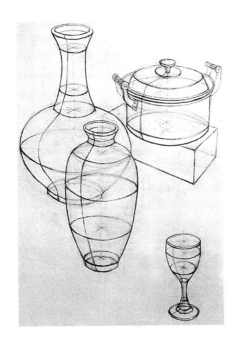

图3-7　整理归纳,调整统一(三)

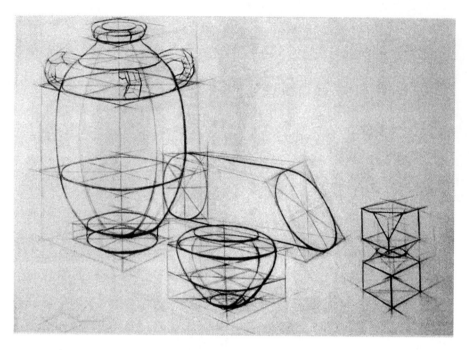

图 3-8　整理归纳,调整统一(四)

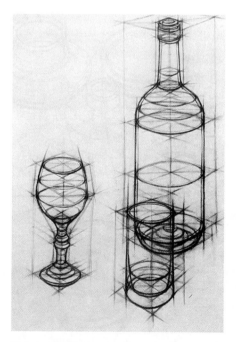

图 3-9　整理归纳,调整统一(五)

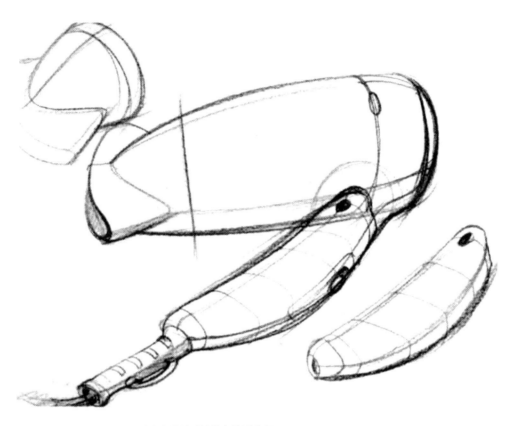

图 3-10   训练用流畅、准确的线条描绘形体基本造型特征

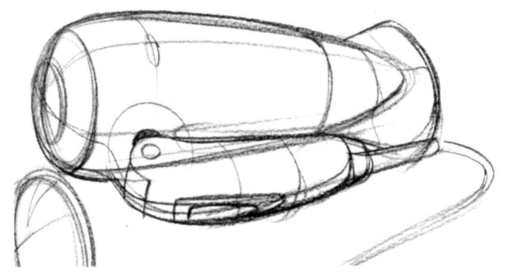

图 3-11   训练用流畅、准确的线条描绘形体基本造型特征

二、服饰配件的形体训练

通过对服饰配件表现的研究和训练掌握几何形体的组合关系与服饰配件的构成结构互相是有关联性的这一基本的构成定律。对这种关联性的理解有助于对相对复杂物体的分析和表现（图3-12～图3-16）。具体的服饰配件表现方法在第四章有详细的说明。

图3-12　服饰配件的表现可以从几个简单的几何形体的套接这一理解角度出发，把复杂形体理解简单化

图3-13　几何形体互相之间的空间穿插来表现复杂的配件

图 3-14　服饰配件的表现可以从几个简单的几何形体的套接这一理解角度出发，把复杂形体理解简单化

图 3-15　对如何组成配件的形式美感的感悟、提炼和表现的研究

图 3-16　用几何形可以精确地把握和表现复杂形体

第二节　人体造型训练

人体的造型训练是本专业素描的重要课程。人体造型是形体造型中最复杂、最丰富的造型艺术,它需要有把完善的造型知识、熟练的造型手段及丰富的造型语言等相结合的综合造型能力。本课程主要由人体的比例结构、人体速写、人体慢写这几部分组成,其目的是为下一步人物服饰训练打好人体造型的基础。

一、人体比例

人体的比例关系是较为复杂的,为了准确地画好人的形体,有很多的艺术家进行了深入的研究。文艺复兴时期意大利画家达·芬奇就十分深入地研究了人体的比例关系,指出"美感完全建在各部分之间神圣比例关系上"。其结论是:一方面人体各部分和身高成简单的整数比,如完美的人体比例应该是以肚脐为界上半身和下半身的比例关系为5:8。另一方面从图形学上说人体可以形成极为对称的几何图形,如脸部可以构成正方形,叉开的双腿可以构成三角形,伸展的四肢构成圆形。

古今中外,许多美学家与艺术家制定了不同的人体比例标准,其中都反映了艺术家和其所处时代对人体美的数字阐述。这种制定人体美的标准尺度是无可非议的,但不能忽视其存在着一定的"模糊特性",它同其他美学参数一样,受种族、地域、个体差异的制约,都有一个允许变化的幅度。

在服饰素描领域采取以人的头高作为标尺来衡量和计算人体的比例关系。总结有以下几方面(图3-17~图3-20)。

(1)一般男女人体站姿正常人体比例应是7个头高到8个头高之间;

(2)下颌到乳头1个头长;

(3)乳头到肚脐1个头长;

(4)上半躯干2个头长;

(5)男性肩宽2个头长;

(6)腰宽1个头长;

(7)胯宽1个头长;

(8)上肢3个头长;

(9)上臂4/3个头长;

(10)前臂1个头长;

(11)手2/3个头长;

(12)下肢4个头长;

(13)大腿2个头长;

(14)小腿2个头长;

(15)两踝宽度1/3个头长;

(16)两膝宽度2/3个头长。

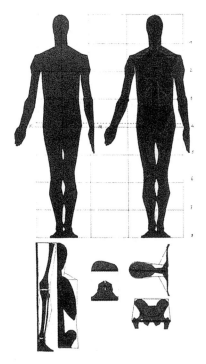

图 3-17　男人体比例

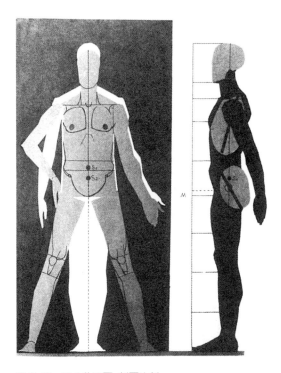

图 3-18　男人体正面、侧面比例

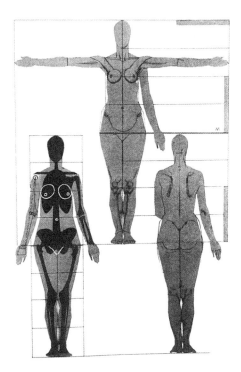

图 3-19　女人体正面、背面比例

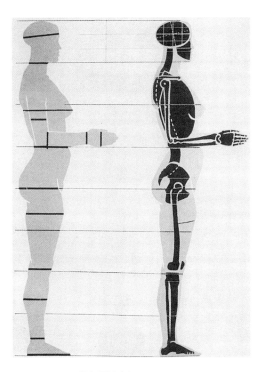

图 3-20　女人体侧面比例

儿童人体比例总结如下(图3-21)。

(1) 3岁以下儿童身高4个头长;

(2) 3~5岁儿童身高5个头长;

(3) 5岁儿童身高6个头长。

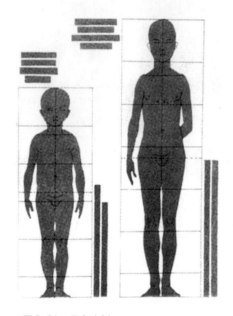

图3-21　儿童比例

男女体型的差异如图3-22,成年男女体型在比例上的差异主要有以下两个方面。

(1) 男性肩部宽于髋部,肩宽2个头长,髋宽1.5个头长;女性肩部与髋部宽度大致相等,约1.5个头长;

(2) 男性乳头位于下颌下方约1个头的位置,而女性乳头位置位于下颌下方约4/3个头的位置。由于女性的躯干部较狭窄,加之女性的线条流畅柔和,因此在视觉上女性在从胸

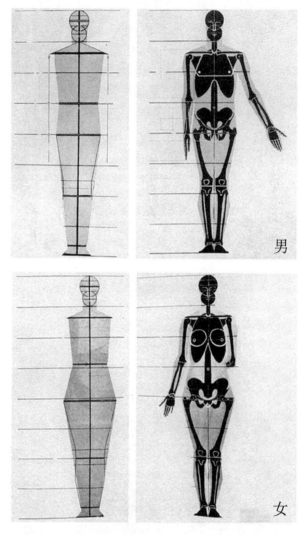

图3-22　男女体型比例的差异

廓到髋骨的距离上感觉要比男性的略长一点。由于骨盆的宽度也比男性的骨盆宽度略宽,所以臀部的宽度也比男性的略宽一点。

人体四个姿态的比例如图3-23。

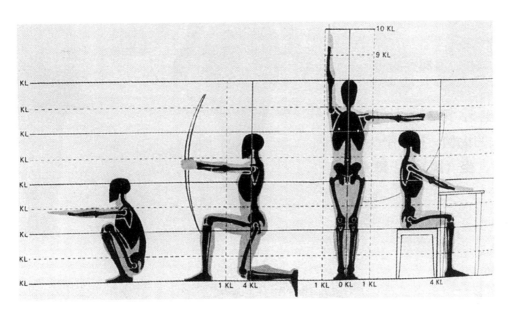

图 3-23　人体四姿比例图

二、人体结构

人体结构组成是一个由骨骼系统和肌肉系统所构成的一个互为影响互为联系的有机整合。所以我们必须从人体骨骼和人体肌肉两个方面来理解人体的结构。

（一）人体骨骼

骨骼结构是人体构造的基础，它提供了反映人体比例关系、体形特征及大小等一些重要信息。

1. 头部骨骼

头颅的整体结构是被画者容易忽视的，特别是涉及到头部侧面的表现，如果没有头颅整体结构概念的话，往往会造成表现对象的结构形体不够饱满（图 3-24）。

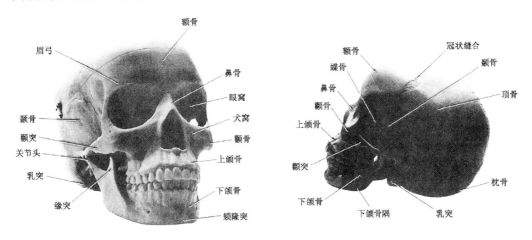

图 3-24　头部骨骼结构示意图

2. 躯干骨骼

躯干骨骼的主要框架由两部分组成。其中上部骨骼由脊椎骨、肋骨、胸骨等组成。下半部分由髋骨与一些下肢骨组成。这些骨骼的运动直接影响着人体的姿态、动态的变化（图3-25～图3-27）。

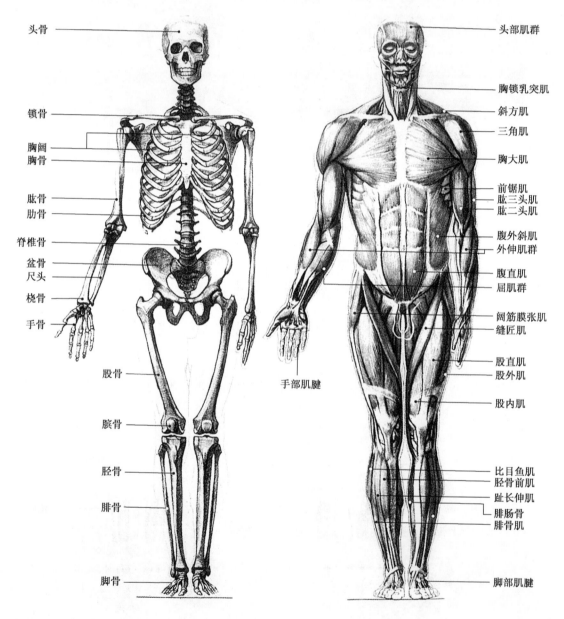

图3-25   人体正面骨骼结构与肌肉结构示意图

脊椎骨是人体结构中心线,连接着头、胸、骨盆大块的结构。

胸骨是给人体提供中躯支持的主要骨骼,形似宝剑,连接着肋骨。

肋骨一共 12 对,由胸骨和脊椎骨连接呈发散型围拢形式。胸腔的框架结构,其形状由于这种围合成桶状。

盆骨以下的下半躯干的重要骨骼上部连接脊椎,下部连接下肢骨、胸骨和盆骨,可以形成扭动关系,反映人体的动作状态。

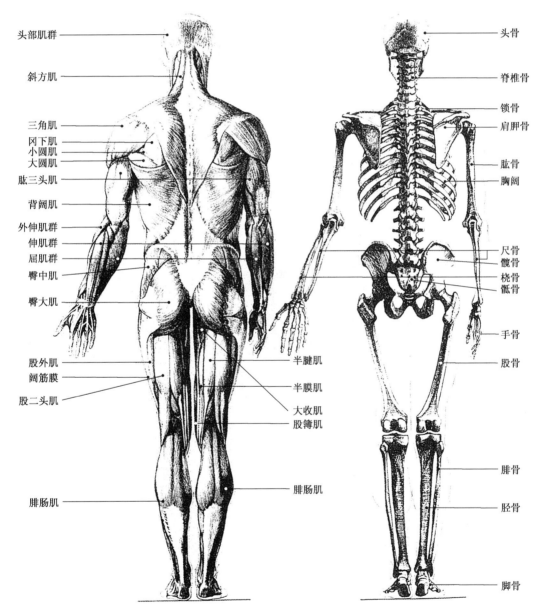

图 3-26　人体背面骨骼结构与肌肉结构示意图

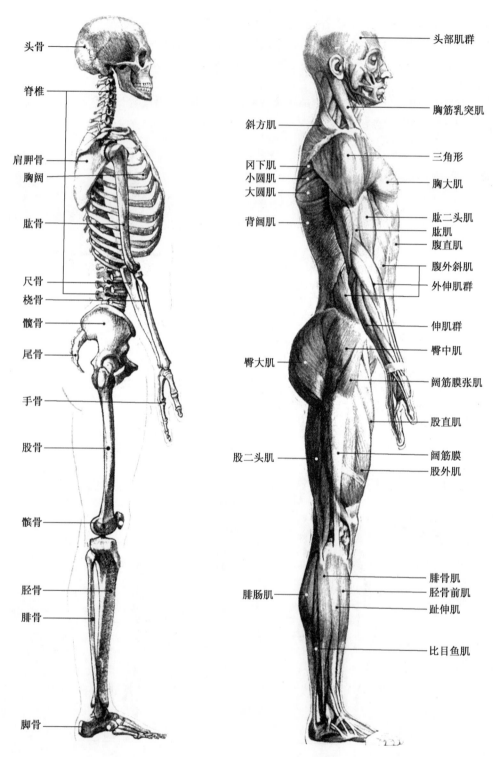

图 3-27   人体侧面骨骼结构与肌肉结构示意图

3. 四肢骨骼

　　上肢骨骼,包括锁骨、肩胛骨、肱骨、尺骨、桡骨、手骨(腕骨、掌骨、指骨)。

　　下肢骨骼,包括股骨、胫骨、腓骨、脚骨(跗骨、跖骨、趾骨)。

4. 主要关节

　　各部分关节是人体能够自由活动的纽带,其既有固定性,又有灵活性,使人体骨骼可以做旋转、屈伸等运动。人体主要关节有六个。

　　(1)肩关节,运动幅度最大,可提供上臂进行360度的运动,可旋转,可屈伸;

　　(2)肘关节,主要带动小臂作屈伸动作,最大活动角度180度;

　　(3)腕关节,连接手与下臂的关节,能作屈伸、旋转的动作;

　　(4)髋关节,连接骨盆和下肢的大关节,可作屈伸、外摆的动作;

　　(5)膝关节,连接大腿、小腿的关节,可带动小腿的运动;

　　(6)踝关节,脚与小腿的连接关节。

(二)人体肌肉系统

　　肌肉系统是给人体运动提供动力的重要组织,人体内所有的循环和动作都与肌肉系统的运作有关。我们研究的肌肉系统只指附着与主要骨骼上的这一部分。它的形状、功能直接导致了人体体表形体的变化。肌肉最基本的状态都呈条状,如上肢下肢肌肉,有的呈条状的围合形,例如脸部肌肉与躯干肌肉。

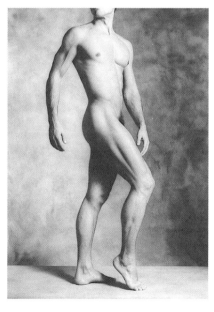 

图 3-28　人体的完整肌肉群展示　　　　图 3-29　人体躯干的肌肉群

1. 头部肌肉

　　人的表情变化都是由于头部肌肉的运动所造成的,包括眼轮匝肌、降眉肌、皱眉肌、鼻肌、口轮匝肌、颊肌、下唇三角肌、咬肌、上唇方肌、下唇三角肌、颧肌、笑肌(图3-30)。

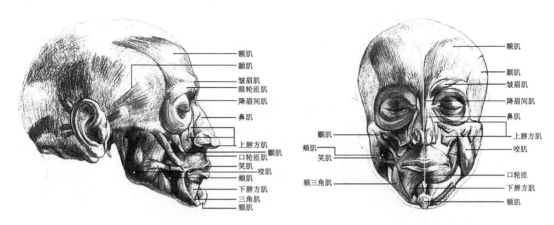

图 3-30 头部肌肉

2. 躯干肌肉

正面由胸大肌、腹直肌、腹外斜肌等肌肉组成。背面由斜方肌、胸廓肌等肌肉组成(图 3-31 ~ 图 3-36)。

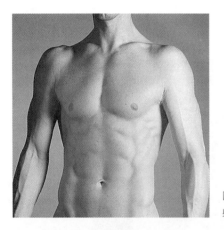

图 3-31
躯干肌肉

图 3-32
躯干肌肉

图 3-33
躯干肌肉

图 3-34
躯干肌肉

图 3-35　躯干肌肉　　　　　　　　　图 3-36　躯干肌肉

3. 四肢肌肉

上肢由三角肌、肱二头肌、肱三头肌、前臂屈肌等肌肉组成。下肢由臀大肌、缝匠肌、股二头肌、股四头肌、腓骨长肌、腓肠肌、胫骨前肌、比目鱼肌等肌肉组成（图 3-37 ~ 图 3-41）。

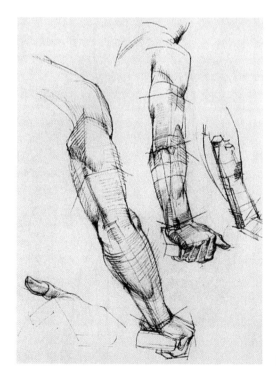

图 3-37　上肢形体体块

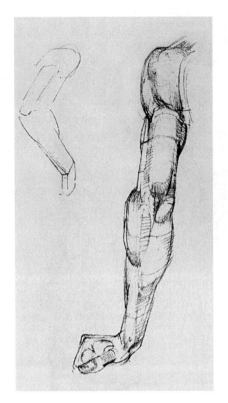

图 3-38   上肢形体体块

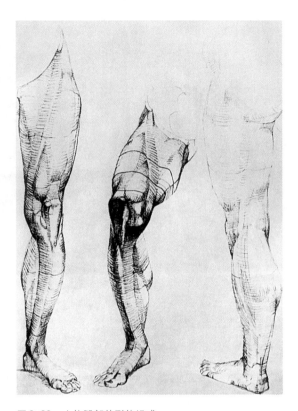

图 3-39   人体腿部的形体组成

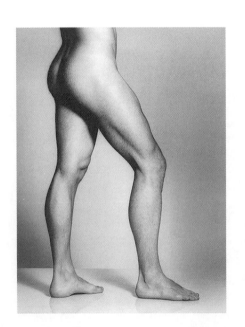

图 3-40   下肢

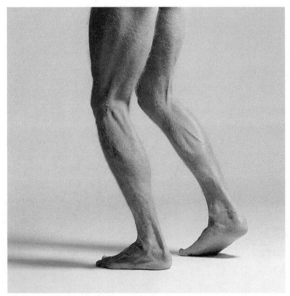

图 3-41   下肢

（三）手的结构

手部由于涉及的组织结构复杂,动作千变万化,因此认识和表现时应从两个方面入手。一是比例关系,二是体块关系。比例关系主要掌握手掌的长度是中指长度的1⅓长,手掌宽度与中指长度一致。指骨长度每节几乎是一比一的关系。手的结构体块主要从手指体块、手掌体块及腕部体块上去总结和理解,表现时注意体块的透视变化和套接关系(图3-42)。

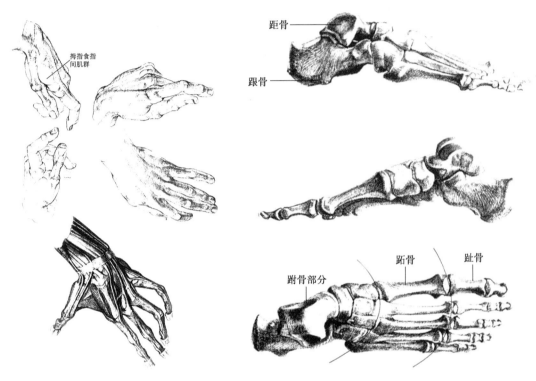

拇指食指间肌群

距骨

跟骨

距骨　趾骨

跗骨部分

图3-42　手部结构与形态　　　　　图3-43　脚部结构与形态

（四）足部的结构

足部骨骼决定了足的基本外形。足骨分为跗、距、趾三部分。跗骨部分由七块骨头组成,跟骨最大,它形成了人的足跟的基本形。距骨连接脚踝关节和胫骨。五块跗骨组成脚弓。距骨五根组成了脚背的下段。趾骨五根相当于手指骨可以活动,除了大脚趾以外都分为三节。(图3-43)

（五）人体运动规律

要了解人体的运动规律首先要了解人体的重心这一概念。人体重心是指人体重量的落点。人体在站姿和坐姿的情况下都会牵涉到重心落点的问题。人体站姿的重心落点分为两种情况:一种是无外力作用的情况下,重心以锁骨的直线落点为依据,双脚吃重时,重心落在两脚中心位置。单脚吃重时,锁骨的垂直线会落在吃重脚的踝骨上(图3-44,图3-45)。另一种是有外力作用的情况,一般以胸腔或盆腔的中心落点为依据(图3-46,图3-47)。人体坐姿以胸腔的中心来定重心的落点。

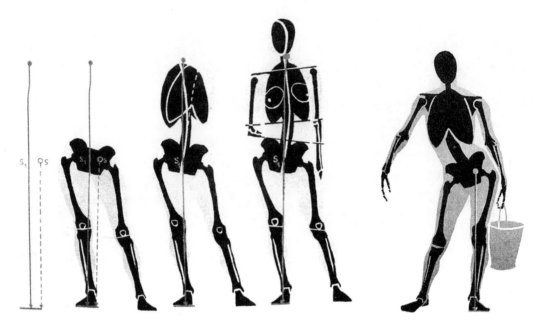

图 3-44　单脚吃重时,锁骨垂直线会落在吃重脚的脚踝骨上

图 3-45　手提重物,单脚吃重时的人体形态图

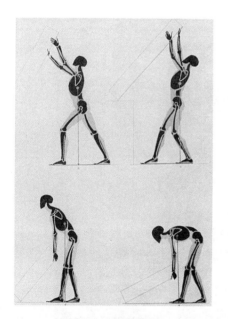

图 3-46　外力作用时的人体形态图

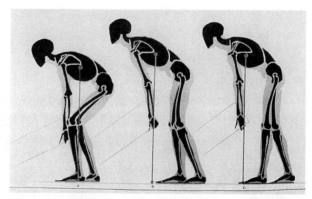

图 3-47　外力作用时的人体形态图

　　人的运动规律是由四个方面的运动所决定的。第一是脊椎骨的运动导致的人体运动形态。第二是两肩的连线与髋骨的连线向不同方向倾斜产生动态变化(图 3-48)。第三是人体的三块大的组成构件(头部、胸部、骨盆)互相发生扭转、倾斜时产生动态变化(图 3-49 ~ 第 3-52)。第四是四肢活动时的动态变化(图 3-53,图 3-54)。

图 3-48　人体动态线运动方向的变化

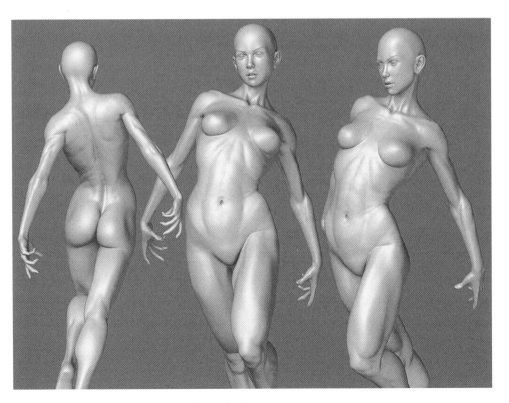

图 3-49　人体在一种动态姿势中不同面的形体体块关系

图3-50 人体在动态下重心位置的掌握和形体体块的转折变化

图3-51 人体在动态下的结构线变化和体块转折变化

图3-52 人体在动态下的结构线变化和体块转折变化

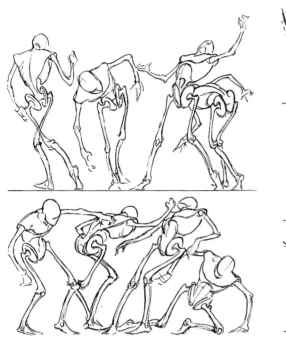

图3-53　在人体运动中,四肢的位置和如何配合形体体块运动的关系

图3-54　在人体运动中,四肢的位置和如何配合形体运动的关系

三、人体速写

速写顾名思义是一种快速的写生方法。速写同素描一样,不但是造型艺术的基础,也是一种独立的艺术形式(图3-55)。速写是素描速写以及草图的统称,这种独立形式的确立是欧洲18世纪以后的事情,在这以前,速写只是画家创作的准备阶段和记录手段。速写对绘画工具的要求不是很严格,一般来说能在材料表面留下痕迹的工具都可以画速写,比如我们常用的铅笔、钢笔、圆珠笔、碳铅笔及木炭。

在了解人体基本的比例、结构及透视关系这些相关知识以后就可以对人体模特进行写生训练,其中以适量的慢写和大量的速写组成(图3-56～图3-66)。这有益于把所学到人体结构知识用在对形象的解释上。人体速写对于服装设计类专业的学生是必须的一门基础课,其中应解决两个问题:一是对形体,结构,透视的全面掌握和运用;二是锻炼表现语言,线条与形体的有机结合,以达到准确、熟练、流畅、有说服力。这一过程是学生自行学习和体会的过程,在正确的知识和方法的指导下,量的积累会影响作品质的变化。人体速写分为三个阶段来进行:第一阶段作一些时间较长的人体慢写,在相对宽裕的时间内对形体、结构、透视作一些研究,对表现手法做一些推敲,也可以临摹一些大师的有关方面的习作;第二阶段作一些人体的动态速写和人体速写,人体动态速写可以抓住人体主要的运动线及主要形体构成来表现,人体速写要求在一定的时间内快速表现人体的完整状态,包括基本的结构、透视及适当的细节描写;第三阶段可以在尊重客观对象的前提下有一些主观的表达,融入作者主观感受。

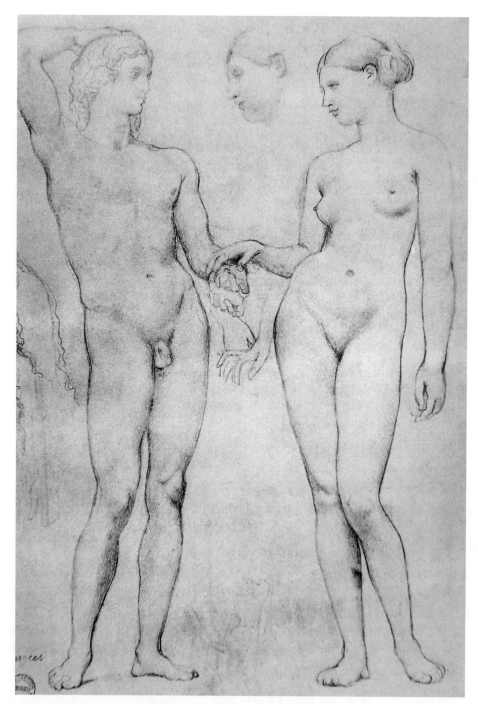

图 3-55 安格尔 《黄金时代的男人和女人习作》 哈佛大学福格美术馆
对于初学者而言,可以研究和临摹一些大师的习作,这张画全面阐述了男女人体的结构、透视,以及如何
运用线条进行人体造型,即用线条来表现结构及光源和影调的变化。所有面对光源的线条较弱,所有背
对光源的线条较强,所有表现骨骼的线条较方,所有表现肌肉和脂肪的线条较圆。男人体的用线要比女
人体的用线较为硬朗

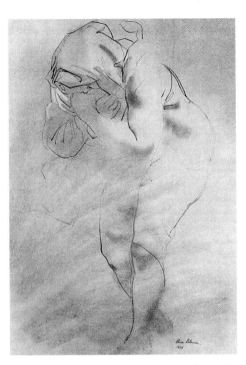

图 3-56　Rico Lebrun　《在风暴中的人》　科普
里恩・德尔里约画廊
线条的虚实变化表现出空间变化的深度。衣服和
形体的关系紧密结合但又有区分

图 3-57　用线条对人体的特征轮廓线作清晰
明确的表现

图 3-58　人体习作
人体基本形的组合，简练而概括，表现方式
硬朗而又有一定的丰富性

图 3-59　人体动态速写
最短的时间内画出人体结构线和动态线，用准确
而流畅的线条，不拘泥于细节的展示，而着重于整
体结构动态的展示

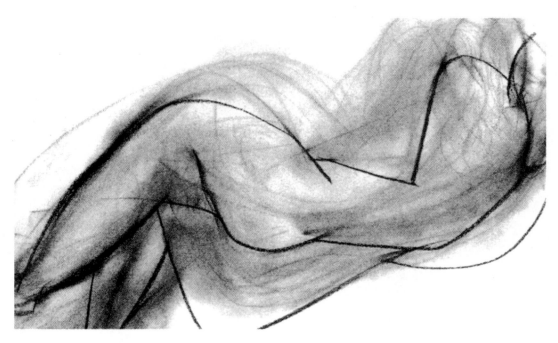

图3-60　马蒂斯　人体动态速写
在较短的时间内抓住人体基本形态特征和组合关系。线条运用从上到下,从明到暗

图3-61　雷欧·哥伦布　《站立人体,背部》
人体动态速写,综合运用线条明暗的因素进行生动的表现,线条的使用具有很强的写意性,这是建立在对明暗和结构深刻了解的基础上的

图3-62　钢笔人体速写,用简洁的线条准确描写了人体的背部结构,通过人体的外形来表现内部结构关系,处理手法上注重大块面的简化

图 3-63　德拉克罗瓦　法国国家博物馆
在较短的时间内捕捉到人体体块间转向关系,这要求对人体结构和动态的把握有相当大的能力。画面细节并不要太多,但要把关键的构成内容说清楚

图 3-64　人体速写
人体躺、跪姿、侧面、背面的形体造型

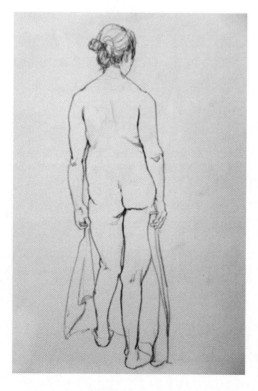

图 3-65　人体速写
把握人体站立的动态和重心,针对女性形
态特征用了大量的圆线表现

图3-66　费尔南·莱热　《坐着的黑人妇女习作》　维多利亚与艾伯特博物馆画像藏书室
主观表现性的人体速写,抓住女性形态特征进行夸张表现,显示出饱满的情绪和特殊的气氛,给观者以强烈的印象

第三节　人物服饰造型训练

　　人物服饰的基础造型训练是服饰素描的关键性科目，它涉及人物与服饰两者综合表现的内容。人物服饰的基础造型训练分为两个阶段来完成，即人物服饰速写与人物服饰慢写，两者侧重点不一样。人物服饰速写要求学生在较快的时间内完成对对象的观察和记录，并能够敏锐、准确地完成对人物服饰形象特征的把握。而人物服饰慢写是要求学生在较为宽裕的时间内完成对对象的观察、选定表现方法及对形象的完整细致的描绘这些步骤，以达到观者对所描绘形象的全面了解。

一、人物服饰速写

　　人物服饰速写就是用简练的线条在短时间内扼要地画出人物的动态或静态形象（图3-67～图3-78）。这是一种篇幅短小，文笔简练生动，扼要描写生活中人物素材的文体，也是用概括有力的笔墨描写人物或生活场景的表现手法。

　　人物服饰速写要注意几个方面：快速敏锐地捕捉人物服饰的性格特征，立足于强化人物服饰的性格描写（图3-68）；认真观察动态对象，完整地感受动态特征，注意抓住动态线，动态线是人体中表现动作特征的主线和人体重心的位置；抓住人体的各个关键部位的结构和运动的关系并画出体现这种关系的衣纹组织结构；讲究形体的形式节奏，如头与肩、手臂与躯干、骨盆与腿、大腿与小腿的关节和小腿与脚的互相联动关系，以及对细节恰到好处的刻画。

图3-67　形体基本动势、重心、体块的互相方向关系，衣纹处理合适是一幅服饰人物速写的基本要求

图 3-68　EGON SCHIELE　《坐着的女人》　北卡大学阿克兰艺术博物馆
紧张的线条使形体形成强烈的包裹感,简洁的外轮廓构成了明确的形式感。
人物气质与表现手法相得益彰

图3-69　着衣人物坐姿速写。线条的变
化(如深浅,软硬)丰富,绘画语言运用娴
熟,人物和衣服的关系处理得自然生动

图3-70　把握人物服饰速写的形象气质
上,着重表现头部形象、手势和服装特征
以及和人物形象有关的道具等

图3-71　形体比例结构准确,线条概括
简练,衣服褶皱处理疏密有致

图3-72　着衣人物坐姿速写。用舒畅肯
定的线条对人体服饰造型进行描绘,在边
缘线周围略施明暗,在简洁准确的轮廓线
处上适度的影调,使整个形象厚重而丰富

图 3-73　着衣人物坐姿速写。表现随性大气，用笔自由生动，粗放中蕴含着秩序

图 3-74　生活型速写要求对人物生活状态的气氛描写真实、生动，人物、服饰、动态、神态的刻画对应主题和协调

图 3-75　形象刻画的适度性能够体现作者对画面平衡和节奏把握的功夫。线条运用的繁简对于整张画在语言上的表达至关重要

图3-76 矢岛功
着重描绘对象的基本形态及人物气质，对一些不必要的细节没有过多描述，流畅的线条与形体配合得一气呵成以突出整张画硬朗直观的主题风格

图 3-77　抓住了形象的瞬间状态,连贯简洁的线条不拘泥细节表现,同时又在关键部位精确和简练地刻画

图 3-78　人体由于腰部扭转而形成的动势变化,肩、腰、胯之间形成体块转向变化

二、人物服饰慢写

人物服饰慢写是相对于人物服饰速写的概念,其在一张画上花的时间要比速写相对长(图3-79～图3-91)。这个阶段的训练,对于画者初步建立人物和服饰依存关系的概念有着重要的作用。画者在这期间所要研究解决的问题有四个:一是建立人物和服饰之间的匹配度的审美取向,搭配在风格上是高度统一的;二是注重形体和服饰之间的关联,形体和服饰的关系是互相依存,互为反映的;三是对于人物和服饰在特征细节表现上的深入研究和揣摩;四是对表现语言上的选择和提炼及应用日趋成熟,即一种风格需要与之配合的语言样式。经过以上几方面的研究和实践,初学者能在人物服饰素描概念的把握和语言表达上有一个知性的积累。

图3-79   中国古代人物服饰素描训练有助于对于形体感的审美素养的提高

图3-80　少数民族人物服饰慢写
人物形象、服饰及服饰配件都作了深入的刻画,特点鲜明,代表性强。技法上精细的手法与粗犷的手法并用,在每个局部采取不同的手法,使之看上去丰富而有感染力

图3-81   人物服饰慢写
纤细的形体,精致的服饰,配合以细腻而
敏感的线条,题材手法做到高度统一

图3-82   人物服饰慢写
手法清新典雅,丰富的脸部神态刻画,加
上简洁流畅的服饰风格表现。在铅笔素
色描绘基础上加入了彩铅的局部刻画,表
现语言丰富而得体

图 3-83　人物服饰慢写

人物服饰表现的完整度很高,选择了最重要的角度展示人物和服饰配合的整体效果。如何选择最贴切的手法来表现特定对象,是人物服饰慢写中需要研究和解决的

图3-84　人物服饰素描炭笔材质的运用,清新、流畅、肯定的线条对人物气质和服饰的表现有很强的说服力

图3-85　线条的运用样式有很多种,要根据题材和表现目的来选择表达方式。用轻盈、灵动的线条表现服饰与特定的人物搭配而产生的一种律动感和青春的活力。线条的指向性暗示着动态的变化和服饰款式的基本特征

图3-86   从人物个性神态到服饰作了完整的表现,使观者对对象有直观清晰的感受

图3-87　刻画精致,细节处理一丝不苟,线的松紧、轻重、虚实变化丰富,用线的质量讲究,节奏感的把握到位,对细节的刻画在一定的控制力下有节制的表现

图3-88　服饰与形体的配合虚实有序，繁简、轻重的技法把握娴熟。发型的表现自然、率真，服饰的表现轻松中透着严谨，细节交代得恰到好处

图3-89　人物服饰素描对生活素材的记录性描绘，形象客观真实，手法自然

图3-90　人物服饰素描对生活的记录性描绘，形象客观真实，手法自然

图 3-91　服饰人物的表现形象与画面构图、表现手法的吻合度往往能使作品形成独立的艺术气质，综合反映了画者的表达能力和成熟的审美取向

本章小结

  本章主要阐述了为服饰素描课程而进行的基础训练的项目、训练方法和要求。通过几何形体生活物品、服饰配件、人体及人物服饰的讲解和训练，循序渐进地培养学生的造型能力。

思考与练习

  1. 思考如何用最基本的观察和理解方式进行造型。

  2. 对人体的比例、结构及运动规律作全面的掌握。

  3. 大量练习一些人体速写和人物服饰速写。

服饰素描表现技法 | 第四章

"Disegno"是画家为他临摹的对象赋予的形式,是线条以不同的方式运动,从而使对象成型。 ——多尔切

大卫·罗桑德《素描精义》

第一节　工具与技法

本节主要阐述绘画工具及其使用技法和最后效果之间的关联性，对于初学者来说可以选择各种可能性的展示。使用的工具决定技法的运用进而影响画面的效果和主题的表达。

一、工具种类与性能

铅笔，最传统的造型表达工具。优点是方便修改，色阶变化比较好掌握，色调呈现出自然的银灰色，对于写实要求高的题材来说刻画的余地和空间较大。缺点是画面效果不够强烈，工具材质感个性不强。

炭笔，表现色调跨度最大的工具。优点是效果比铅笔强烈，适合用洗练的线条表达构思，用较短的时间表现设计思想的核心。缺点是落笔后不易做较大的更改，对初学画者的技法要求和熟练程度要求较高。

墨水笔，包括钢笔和针管笔。优点是做刻画的精细度比较高，对细部结构的阐述较详尽。多用在我们下面要论述到的阐述性素描类型中，以及服装款式图中。缺点是表现层次技法不易掌握，气氛调节不易活泼生动。

毛笔，写意性最强的造型表达工具。一般使用率不大。优点是可以进行个性化的表现，效果强烈。另外的用途是可以用于局部的渲染。缺点是工具不易掌握，干湿变化的处理不易掌握，材料局限性大。

二、工具在技法中的作用

（1）铅笔，排线法即线条用一种或几种组织关系进行组合排列的方法（图4-1）。揉擦法即运用铅笔所具有的特性，揉擦出自然的银灰色调而形成变化进行造型（图4-2）。

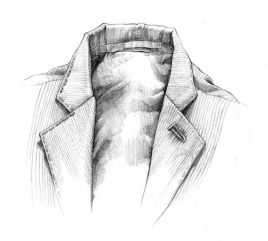 

图4-1　用排线法进行描绘领口内侧和外侧，由于面料的不同产生的质感不同，用不同的排线法来表现这种不同

图4-2　用肯定的线条作出形体的外轮廓，然后对形体一些重点的暗面区用揉擦法进行概括塑造

（2）炭笔，除了以上所述铅笔的排线法和揉擦法也可用在炭笔造型之外，炭笔还主要用于画出连贯的、流畅的、醒目的长线条，以有强化点地表现出形体的节奏和韵律（图4-3）。

图4-3　西格蒙德·埃伯利斯　《1978年新年除夕夜》新罕布什尔州　杰斯·甘奇威尔收藏
用肯定而有变化的长线条画出形体整体线条的节奏和韵律，炭笔对这种表现方法是一种有效的作画工具

（3）墨水笔，可以根据需要用口径不同的针管笔进行精细的勾线描绘（图4-4～图4-6），或者可以用钢笔或速写钢笔进行快速表现（图4-7）。亦可运用点和线结合进行个性化的描绘（图4-8）

图4-4　墨水笔作品

图4-5　莫里斯的作品用钢笔作精细的描绘

图 4-6   用墨水笔进行精细的刻画,细节的准确和丰富是此类工具的表现长处

图 4-7   用钢笔进行快速表现,要求用线肯定、准确

图 4-8　墨水笔技法的拓展,充分运
用点、线、面等语言元素,使其达到造
型的完整度、丰富度及合适度

（4）毛笔,在进行描绘时主要是运用简洁的线条和较大的块面进行形体塑造。开始前需要
对过程中的每一点有一个预判,过程中注意笔锋水分干湿的变化(图 4-9)。

图 4-9　Arthur Polonsky　《睡眠》　来源艺术家本人　毛笔墨水的表现

第二节　明暗法与勾线法

　　明暗法和勾线法是服饰素描表现技法中主要的两类方法，从理论上来说无论采取哪一种方法都可以达到最终的造型目的，即所谓的殊途同归。在本节中详细介绍两种方法在现实中的实践，以使学生在掌握其实质后能够更好地在运用中选择与客观对象和主观表达更能契合的一种方法，使作品在主题和主观表现方面与技术类型更好地吻合。

一、服饰素描明暗法的运用

（一）服饰素描明暗影调类型

　　影调的类型包括三种，即大面积影调，适度影调（小面积影调）和无影调三种类型。决定其变化的因素主要是光源的投射角度。在服装设计专业素描中适度影调和无影调类型用得比较多。运用大面积影调较少。在使用过程中还是要根据主题和风格来决定用哪种方式的影调类型。

1. 大面积影调

　　光源投射角度小于60度，即基本上是侧面来光。物体的阴影面超过1/4时，就形成了物体上大面积的影调效果（图4-10，图4-11），从图4-12中我们可以看到在普桑的素描习作中这种影调的运用。从图4-13中我们也可以看到大面积影调在服饰素描中的运用，这种影调类型可以充分体现出物体的体积感和空间感，进而有效地烘托了画面气氛。

2. 适度影调

　　光源投射角度在90度附近，即基本上是正面向物体投光。物体的阴影面小于1/4时，就形成了物体上小面积的影调效果（图4-14，图4-15）。如安格儿的人体素描习作（图4-16）中运用了这种影调类型。从图4-17也可见这种影调运用在服装设计素描中。适度影调类型大量用于服饰素描中，其优点是造型表达快速、简洁、清晰明了，在精确造型的同时又兼顾到了适度的体积表现。

3. 无影调

　　当我们取消光源对物体的有效投射时，物体给我们呈现出的仅仅是边缘线的效果（图4-18，图4-19）。如德加的人体素描习作图4-20，大量地用线条去表现这种特殊的光影处理。在服饰素描中此类处理手法被大量使用（图4-21）。用精确的线条对轮廓线、结构进行最本质、最直观、最快速的描述，是此类手法被普遍使用的原因。

图4-10 侧面光源对形体的影响,在形体上出现大面积的阴影

图4-11 侧面向形体投光的影调效果

图4-12 普桑为古典雕塑作的素描习作,侧面来光在人体上形成了1/4的暗部阴影,显示出强烈的体积感和重量感

图4-13 面积明暗影调在服饰素描中的表现

图4-14　正面光源对形体的影响

图4-15　正面向形体投光的影调效果

图4-16　安格尔人体习作
适度影调类型明暗交界线的处理紧贴着边缘线，其中
注意反光的部位要明确

图4-17　适度明暗影调在服饰素描中的体现

图 4-18　散光源下的影调效果。适度影调类型明暗交界线的处理紧贴着边缘线,其中注意反光的部位要明确

图 4-19　无固定光源作用下物体影调类型

图 4-20　边缘线只反映出形体的轮廓和适度的投影。适度影调类型明暗交界线的处理紧贴着边缘线,其中注意反光的部位要明确

图 4-21　无明暗影调在服饰素描中的表现,主要用线条对形体的轮廓和结构进行描绘

（二）服饰素描的影调要求

    总的原则是选择最适合表现主题的影调类型。在实践过程中根据服装设计专业的要求需要加强适度影调和无影调类型的练习和运用。服饰素描需要的是如何用快捷有效的造型手段来解决形体结构表达的影调方案,这就意味着明暗这种易耗时、易产生结构粘连的造型方式在运用方面要注意适度和有效,简而言之就是要考虑其在是否使用和使用面积及使用部位上的必要性(图4-22)。

图4-22　影调在服饰素描中的综合运用

（三）服饰素描的明暗法表现

1. 决定明暗的变化因素

决定服饰素描明暗变化的因素主要来自两个方面：一是光源投射角度的因素，光源导致明暗影调的产生；二是固有色的不同，由于人物、衣物、饰品间固有色的异同产生了明暗变化（图 4-23）。

图 4-23　侧光源对形体的投射产生了暗部阴影，衬衫和裤子
由于固有色的不同而产生了明暗的变化

2. 服饰素描明暗法表现要点

服饰结构的层次变化用明暗法表现可以更加直观，明暗法适合表现服饰每个局部之间的空间关系，由表及里，层次真实感强。表现时要注意：一是把握好固有色之间的区分（图 4-24）；二是把握好同一固有色下外层与内层调子之间的整体差异；三是初学者排布明暗时要注意画面整洁度。

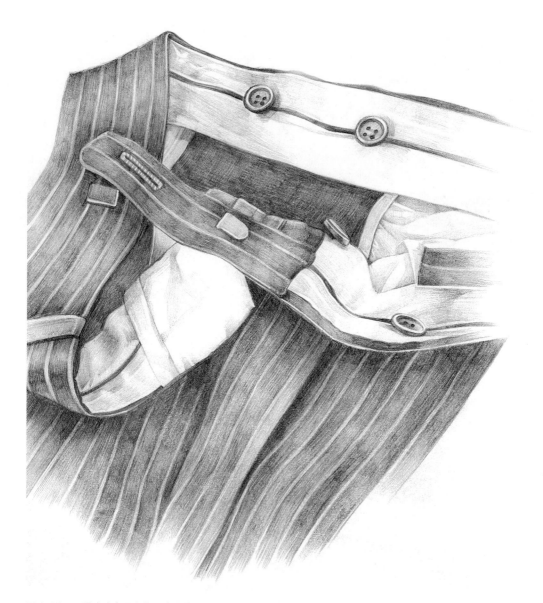

图4-24　用明暗法表现衣物固有色和结构层次的变化

3. 服饰素描明暗法表现的目的和功能

　　人物服饰素描的明暗法表现是对服装款式、服装面料、服装空间结构的理解和表现,进行深入的解剖性的研究,然后用明暗法进行层层细致阐述(图4-25～图4-39)。在由表及里的研究和表现过程中,从感性和知性上对服饰的视觉、触觉上进行体验,以达到了解人物服饰表现的基础性目的。明暗法是对这种研究的最适当的辅助手段,其一可以通过一些直观的形象来培养和加强对服饰素描的造型观。其二是为了把在明暗法训练中有关层次、空间的意识和处理手法植入今后下一阶段的其他服饰素描表现类型中。在明暗法表现中用明暗的语言配合形体造型的语言来解释结构空间,充分调动暗面、灰面、亮面这几个因素来完成形体结构、物质量感的塑造。

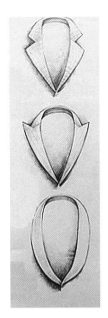

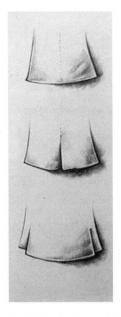

图4-25　服饰素描明暗法训练不同纽扣数的门襟画法

图4-26　服饰素描明暗法训练，用简单服饰领口部分来简述如何用明暗法来作出结构层次的变化

图4-27　服饰素描明暗法训练三种不同款式的下摆的画法，一层结构的画法和多层结构的画法

图4-28　体型结构与服装结构用明暗法表现

图4-29　用强烈的明暗反差来表现特质
化的效果,黑白的处理如版画效果

图4-30　体型结构与服装结构用明暗法表现　　　图4-31　体型结构与服装结构用明暗法表现

图4-32　用明暗法表现人物服饰的潜力是很大的,可以对对象作近乎写真的描绘,可以在形体分割上做出空间的变化,也可以与造型结合做出强烈的个性效果

图 4-33　体型结构与服装结构用明暗法表现

图 4-34　用明暗法有虚实、有重点地表现人物服饰可以使表达的主题更突出

图4-35 明暗合适的使用可以对人物造型的刻画、服饰结构特征、面料之间的差异作全方位的描述

图4-36 体型结构与服装结构用明暗法表现,面料特征适度表现

图 4-37　明暗法和勾线法的综合运用

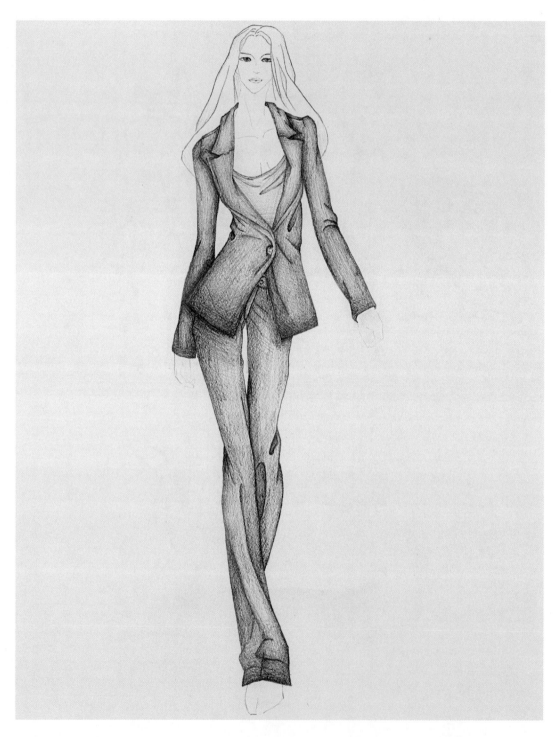

图 4-38　明暗法的处理也可以不拘泥于两大面五调子分布规则的影响，在遵循大的影调法则的基础上可以有一些特异化的处理，例如影调的最暗面可以不放在交界线或投影上，而放在形体的边缘线上，以强化形体给人的感受

图4-39　通过固有色的变化对形体作层层剥离、说明,对形体、空间作细致描述

二、服饰素描线描法技法

（一）线条的语言和形式

　　线条的形式是指线条在组织造型时出现的方式（图4-40，图4-41）。其内容包括语言、环境，以及这些因素对选择线条运用方式的影响。线条的语言包括粗细、软硬、虚实、松紧、疏密、深浅等诸方面。

图4-40　线条语言的丰富性和可表现效果的多种可能性。结构、空间、虚实的变化，都是可以用线条造型完成的

图 4-41   根据形体的转动变化选择线条的软硬曲直及变化,这种线条技法可以将对形体
的表现推到淋漓尽致

（二）线条的用途

线条就其用途来说分为结构性线条、图示性线条和描绘性线条,这几种线条类型在其最初的表达中都体现了研究性、描述性、图解性的这些功能(图4-42)。但是最终它们都无一避免的传达了其他不同于此的特质,这是由线条的特征所决定的,它最初的状态其实是一种最抽象的形式语言,正因为此特征,线条本身所蕴含的各种表现的可能性是无限的,这就导致了连具有简述性动机的线条中也依然有着抽象表现的影子。

图4-42　线条的基本语言和用法的综合体现。线条深浅虚实的变化可以体现出形体的转折变化,线条的穿插变化可以表现形体的组合及互相重叠、遮挡

（三）服饰素描的线条要求

1. 对形体的解释性要求

通过用线条对形体的描绘来图解人物服饰的结构组成状态(图4-43~图4-46)。对于视觉传达来说,要起到传而能达的效果,这其中要充分发挥线条对结构细节表现的描绘长处,进行精细明晰的全面阐述。线条使用的种类可以用平板的,无轻重、虚实、粗细明暗变化的线条,也可以用一些具有这些因素的变化的线条进行描绘。目的是为了用线条对形体结构进行分析、剥离、组合,最后达到图解的效果。

图4-43　完整的人物服饰线描,线条的疏密布局在整张画上经过缜密考虑,线条的疏密布局得当,整张画充满一张一弛的节奏感。头发部位用线密集、繁复,其次是服饰部分,此头发部分用线略疏,线条最简洁的地方是人体结构暴露部分,整张画客观性强,充满节奏的韵律感

图4-44　人物服饰素描用虚实线进行描绘，细节丰富，层次感好，画面生动

图 4-45　类似写生的速写线条,简练、准确,形象清晰、明快

图 4-46　线条运用严谨、丰富,平面的装饰感与形象的准确性良好结合

2. 对形体的表现性要求

　　形体是载体,方法是手段。最终反映的是作者对表现对象的主观要求和表现手段诸方面的取舍,所以用线条形式表现对象对于作者来说是一个更高层次的挑战。通过线条的表现力展示出来的情绪和思维上的感染力与受众所达成的认同感合而为一,这是运用线条表现性能力所应该达到的最终任务(图4-47～图4-50)。

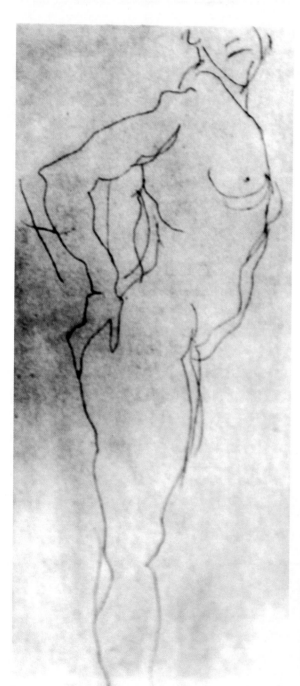

图4-47　奥古斯特·罗丹　《站着的裸体习作》
布拉格国家艺术画廊
线条的精确性与模糊性的反差调动了观看的兴趣。这其实是作者与观众玩的视觉游戏。观看者需要得到的是对形象的真实了解,但是表现者永远不会仅仅满足于此,指导观众的眼睛和心理是他们乐此不疲的。精确和模糊这两种表现比例各占多少对艺术家来说一直是一个挑战观众底线的抉择。罗丹的做法是在主要的形体面用了精确、不容置疑的线条,如右侧的胸和肩处、左侧的臀部处。这两处可以给观众框定基本形体、动态的概念。其他地方的线条由艺术家理性的经验和感性的情绪支配来绘制,奔放而有节制

图 4-48　魏晋墓砖彩绘古驿使　甘肃省魏晋古墓
线条的静态表现与动态表现完美结合

图 4-49　魏晋墓砖彩绘侍女图　甘肃省魏晋古墓
线条描绘得极其流畅性,不拘泥于局部形体的准确性,人物服饰的表现一气呵成,给人
以强烈的艺术感

图4-50　在涉及众多人物的服饰素描中,画面黑白、灰的布局,线条的繁、简差异都为人物形象及整幅画面提供了客观形象的概念和观看上的舒适度

第三节　服饰素描的质感表现

一、质感的类型

　　质感和肌理是服饰给观者的一种最直观的感受,由于服饰所用的材料的异同,织物表面形成了光滑与粗糙,冷与热的给观者的感受,我们称之为质感,而织物表现例状物在视觉样式上的体现。质感类型包括亮、暗、细腻粗糙,冷热及其相对应的如皮毛、金属、棉、麻等特定的形式样式,我们称之为肌理。

二、质感的表现

　　质感的表现需要对所表现对象材质的物理构成有所了解,然后通过对每一种不同的材质从表现形式到表现手法上都要有不同处理(图4-51~图4-57)。

图4-51　有皮毛的动物

图4-52　皮毛的质感表现,用笔的方向与毛的方向一致,线条的使用注意弹性,用线条的疏密来表现光影的变化

图4-53　丝绸的质感表现,明暗反差大,高光面积小而集中,体现大的褶皱关系

图4-54　纱制品,以浅调子的表现为主,褶皱呈直线条和比较疏松的效果,注意与下层形体或织物的关系

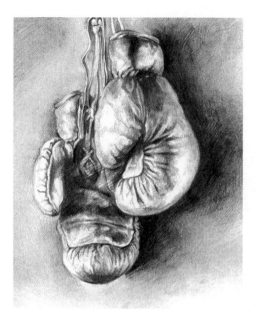

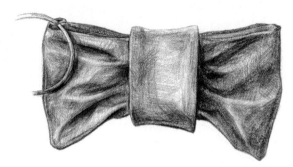

图 4-55 皮革的质感表现,褶皱自然,明暗反差较大   图 4-56 皮革的质感表现,褶皱自然,明暗反差较大

图 4-57 金属质感的表现,结构硬朗,明暗轻快直接,反差较大

三、服饰素描质感要求

在服饰素描中,由于涉及的题材内容多而繁,涉及的面料种类多,装饰配件的材质多,所以在表现中首先要求的是准确地反映材质的特性。手法概括简练,务必达到清晰传达的效果。因此在训练过程中需要求真求实,切勿隔靴搔痒对客观对象的质地特征刻画不到位。

第四节　人物服饰素描技法的表现

　　人物服饰素描的技法表现是人物与服饰这两大块内容在服饰素描中的整合表现环节,本节就一些服饰素描中的专业要求和手法提出训练的过程。其目的一是加强人物服饰的综合造型能力,二是加强表现的专业要求和目标。其中的造型手法是在传统素描的基础上糅合简洁明了的一些专业方法。在所有细节表现的讲解和训练中,逐步使初学者进入服饰素描的语境。

一、人物的表现
(一) 头部的表现
　　头部的表现分为脸部和头发的表现两部分。脸型特征的把握是非常重要的,一般来说脸型主要分为国字脸、甲字脸、申字脸等。画者可以根据对象特征来总结归纳。脸部的结构比例是由头部的骨骼、肌肉及五官的大小位置决定的(图4-58)。总体来说,世界上人种的异同和性别的变化都不会对此产生明显的变化(婴幼儿及高龄人除外)。婴幼儿是由于其骨骼发育还尚未完成,而高龄人是由于其肌肉组织发生变化而造成局部的比例变化(图4-59)。中国古人对人体头部的比例关系做出了很简明而精辟的总结和概述,即所谓的"三停五眼"。"三停"就是当脸部正对着观者的时侯,他脸部的比例应该是:发际线到眉线的长度占脸部总长的三分之一;眉线到鼻底的长度占脸部总长的三分之一;鼻底到下颌线的长度占脸部总长的三分之一,这就是"三停"(图4-60)。而脸部的宽度就是五个眼睛宽度的总和,这就是"五眼"(图4-61)。

　　头部脸部的表现可运用归纳法,用简洁明晰的线条或简洁的明暗块面去表现。脸颊的画法注意不能太繁琐,调子不易过于浓重,只要强调脸型特征即可。五官的画法调子可以浓重一些,要有重点的刻画,即对象的五官中特征最具有个性或代表性的部分要重点画出,以便突出形象的特点,眼睛、鼻子、嘴各部分不要平均对待处理,一般来说对象的眼睛和嘴的刻画比较重要。嘴角、眼角的刻画不能忽视,人物的神态表情能从嘴角、眼角不同的变化中产生。眉毛的表现也是体现人物形象特征的主要方面,一般来说眉梢与眼睛的位置适当拉长,以提升人物的精神气质,眉毛的外侧缘向上翘起显得人物有精神。以鼻尖点和颌下点的直线为基准,这条线可以用来观察嘴唇的突出度。鼻尖、嘴唇、颌下点基本为一直线时,被认为是比较标准的尺度。需要指出的是头部宽度和长度的变化随着透视角度的变化而变化。头部的透视变化是由于观察者的视点变化而形成的,大体可分为平视、仰视、俯视、正视和侧视。五官的形状和透视的变化注意和脸部的视角所一致(图4-62~4-67),在这里视点的统一,透视的协调是非常重要的。

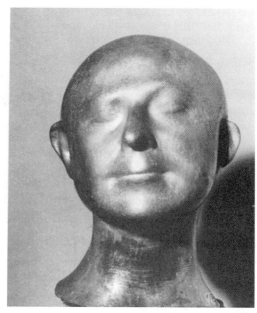

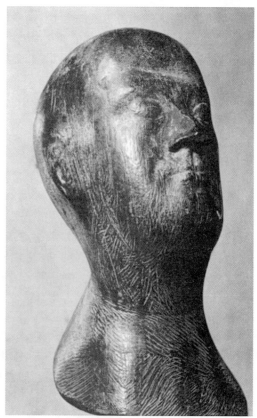

图 4-58　GRECO 不同的头型、不同的脸型、不同的五官特征产生人物不同的个性特征面貌

图 4-59　脸部的神态表现和脸部比例异同

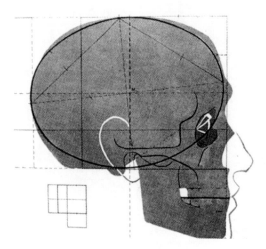

图4-60　"三停"

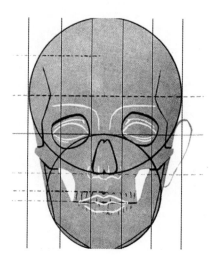

图4-61　"五眼"

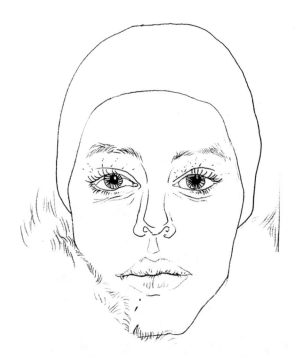

图4-62　观察者的视点——平视

图 4-63　观察者的视点——仰视　　　　　　　　图 4-64　观察者的视点——仰视

图 4-65　眼睛的表现　　　图 4-66　鼻子的表现　　　图 4-67　鼻子的表现　　　图 4-68　嘴巴的表现

图 4-69   五官刻画以眼部与嘴部的刻画较为浓重,脸型描绘简单而准确,头发作为亮点用了最浓重的色调

(二)头发的表现

头发的表现是一幅成功人物画作的重要部分,表现恰如其分的话可以很好地烘托整张作品的气氛。画者很容易把头发画成乱草一堆,所以找到合适的方法去表现,可以起到事半功倍的效果。头发表现有以下两种方法。

1. 以线为主的表现

纯粹用线条来表现发型、发质和明暗。首先要把头发分成若干组,然后分组描绘(图4-70)。线条的走线不能乱,要根据头颅的形状走。注意线条的粗细、疏密、长短,线条长短影响发型的表现,线条粗细影响发质的表现,线条疏密影响明暗的表现(图4-71)。

图 4-70   头发的表现

图 4-71　头发的表现　　　　图 4-72　头发的表现

2. 以明暗为主的表现

以明暗为主的表现就是以设定光源为依据,以明暗块面进行造型的手段把头发结构理解成球形。然后据此进行明暗法的造型。分为亮面和暗面,注意高光的位置表现,头发发丝的表现一般大量出现在明暗交界线的位置(图 4-72)。

(三) 颈部的表现

颈部的表现要求形体准确、简洁。调子不易过于浓重,只要把颈部的转向关系和基本的结构表达清楚,如锁骨、颈窝、胸锁乳突肌、男性喉结。注意颈部的造型避免粗、短的造型(图 4-73)。

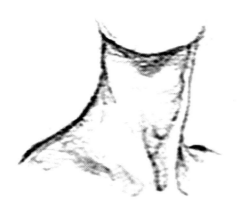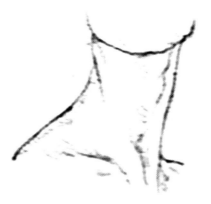

图 4-73　颈部的表现

（四）手部的表现

　　手部的表现和人物的性别、性格、职业、表情的特征息息相关。首先要了解手部的结构和比例，而后据此主要用外轮廓线的表现来反映这种结构和比例的关系，基本比例是手指的长度与手背的长度一样。中指最长，小指和拇指一样长，整个手型可以理解成椭圆形。整个手的大小与人脸的大小一致。注意手指关节的造型变化。涉及手背表现的部分用线方硬一些，而手掌表现的部分线条可以软、圆一些。女性的手指纤细，指关节较小，用线有弹性、平滑，可以表现出女性的柔软和细腻。男性的指关节较大，手掌宽厚可以用一些硬线来表现，注意手腕和手的结构方向变化（图4-74～图4-77）。

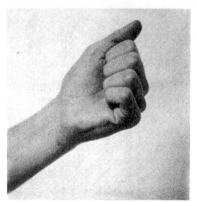

图4-74　手部结构通过体块分析认识来掌握

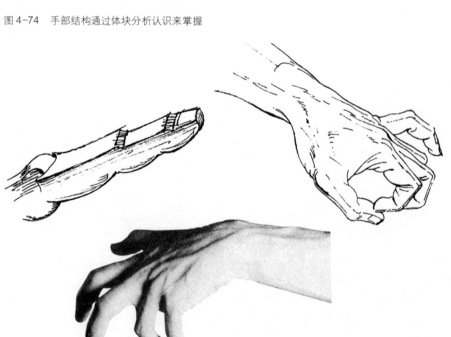

图4-75　手部、手指的体块结构

图 4-76　臂、腕、掌、指之间在联动中的相互关系

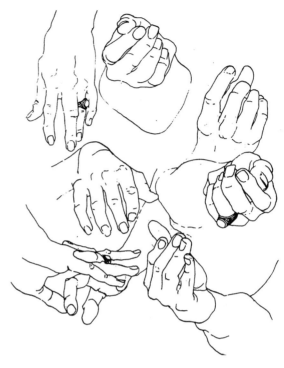

图 4-77　Eleanor Dickinson 作品　斯坦福大学艺术博物馆
手的习作

手部的线描法表现和明暗法表现（图 4-78 ~ 图 4-84）

图 4-78　Emilio Greco 作品

图 4-79   Emilio Greco 作品
明暗法意象地表现手与脸的关系和融合

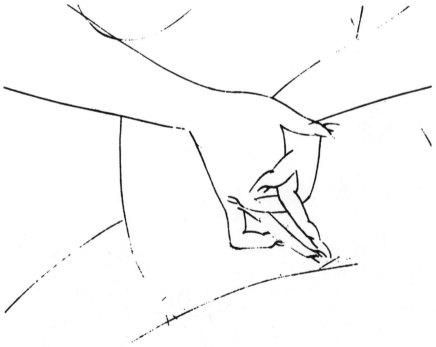

图 4-80   Emilio Greco 作品
线描法对手与人体的关系的描绘,线条灵动、准确,形神兼备

图 4-81　Emilio Greco 作品
通过手、头发相互的缠绕来理解和表现两部分内容的交融方式

图 4-82　用写实方式描绘手与道具之间的配合关系

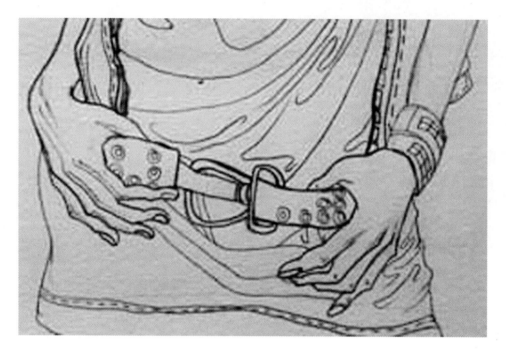

图 4-83　手与人物服饰的组合表现

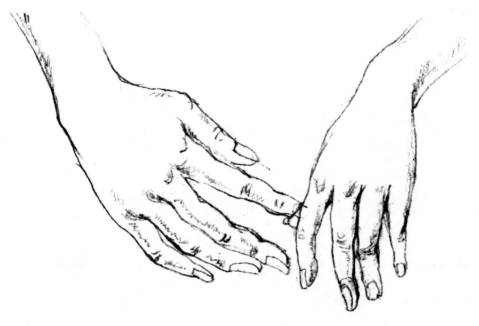

图 4-84　速写方式表现手部造型

（五）脚部的表现

脚步表现注意外部胫骨、踝骨与脚背的结构关系，外轮廓线表现出这种结构变化（图4-86，图4-87），内部则注意小腿肌肉、脚踝与脚底的结构连接（图4-85）。

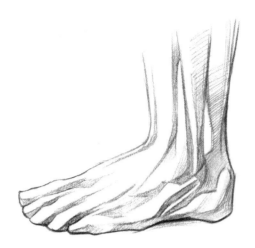

图4-85　用块面来理解脚部的造型结构

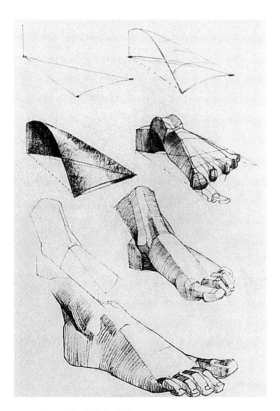

图4-86　脚部的结构体块

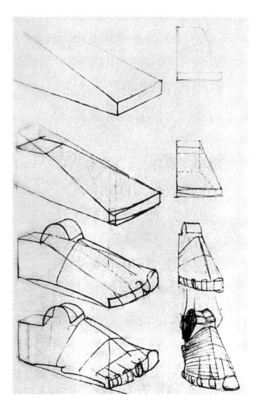

图4-87　脚部的结构体块

二、衣褶的表现

(一) 衣褶的形成原因

　　衣褶的形成主要有三个方面原因。第一方面是由于重力的原因,重力能使织物产生下垂感。第二方面原因是形体上的凸凹变化对上身服装的影响。第三方面的原因是由于人体的动态变化,如弯臂、扭腰、屈腿等(图4-88,图4-89)。

图4-88　没有穿上身的服装衣褶状态

图4-89　穿上身的服装衣褶状态

（二）衣褶的类型

　　衣服由于以上三方面的原因而产生了一些衣褶形态。我们可以把这些在人物穿衣时产生的衣褶变化形态分为以下几类：管状衣褶、之字形衣褶、螺旋形衣褶、自然下垂衣褶、半封闭型衣褶（图4-90～图4-96）。

图4-90　螺旋形衣褶

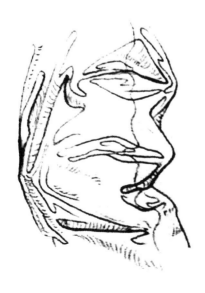

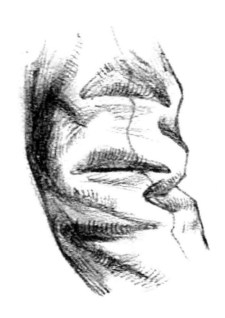

图4-91　之字形衣褶

图 4-92　管状衣褶

图 4-93　自然下垂衣褶

图 4-94　自然下垂衣褶

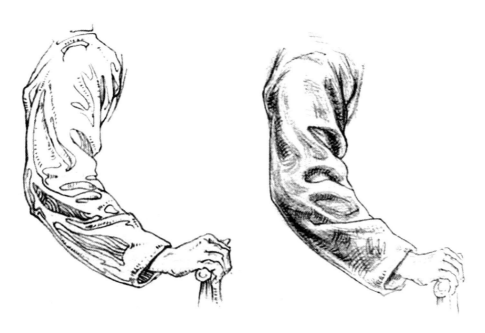

图 4-95　半封闭型衣褶

图 4-96　Anonymous German 作品
垂直纹、之字形、半封闭型衣褶线条的表现

（三）衣褶的表现

衣褶的表现需要在理解人体结构和人体运动规律的前提下，按照形体结构和配合人体动势来画。把主要的衣褶画在结构的转折部分，抓住主次大胆取舍，一般来说面料紧贴人体则衣褶较少，而在结构转折处且面料又不紧贴人体的部位出现较多较密衣褶。

（四）面料的质感与衣褶的表现

服装衣褶表现的一个重要方面就是通过褶皱的表现来反映织物的面料特征。大致分为薄脆，如绸、纱等；柔软，如棉、绒等；笨重，如呢、灯芯绒等。透明：纱等；膨鼓，如毛皮、羽绒等。厚实的面料用明暗表现需要明暗过渡自然舒缓，而用线表现则需要用一些比较厚实的线条，衣褶比较稀松。轻薄的面料明暗反差较大，用线表现需要加强线条的深浅对比，衣褶比较密集。

图4-97　达芬奇为衣褶作的素描习作，用明暗法演绎了衣褶明暗层次的丰富变化

图4-98　领口内的面料薄、光，衣褶对比强烈，衣褶明显。领口的棉制品面料明暗过渡舒缓，衣褶不明显

三、服饰配件的表现

　　服饰配件的表现(图4-99~图4-151)是服饰素描中的重要组成部分,相对于其他服饰素描既有共性的部分,又有其差异的部分,共性是指表现的原理类似,差异化是指配件在表现中又要表达充分,又要掌握住变现的度,不可喧宾夺主。首先配件的表现应该结构清楚,细节完善,无论用明暗法或线描法都应把细节结构阐述明了。其次配件与人物服饰的搭配画法要让人感觉可信、真实,表现技法可以用明暗法或线描法,也可以用线和面结合的方法。

　　服饰配件作画步骤:

　　(1)以最简练的线条流畅地画出形体的穿插和基本的视觉形态;

　　(2)丰富曲面转折、明暗交界线和加强突出投影;

　　(3)完善细节,取舍兼协调整体与部分,加强质感。

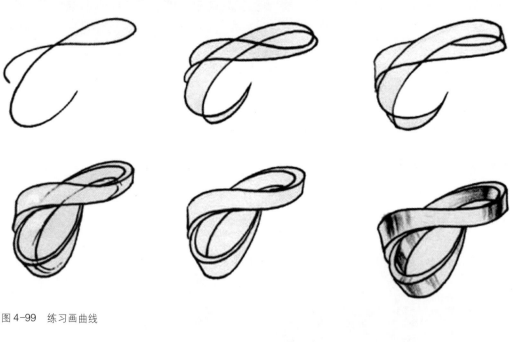

图4-99　练习画曲线

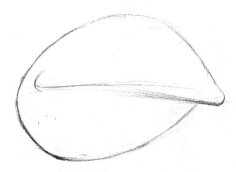

图4-100　曲线作品绘制步骤(一)

图4-101　曲线作品绘制步骤(二)

图4-102　曲线作品绘制步骤(三)

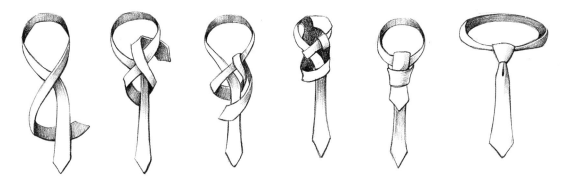

图4-103　通过用明暗法加线描法表现的领带打法示意图来直观解读形体缠绕和结构层次的状况

图4-104　线描法表现服饰配件的构造细节

图4-105　钢笔墨水用线描法表现服饰配件的构造细节

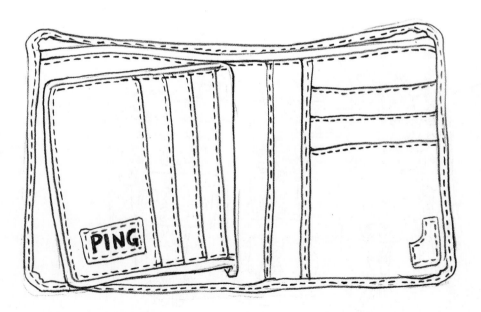

图4-106　线条形式的单纯性与配件结构的单一性相配合

图 4-107　服饰配件首饰的明暗法精确表现

图 4-108　服饰配件首饰的明暗法精确表现

图4-109　明暗法表现袖钉的构造和质感

图4-110　服饰配件首饰的明暗法精确表现

图4-111　线描法表现服饰配件时,线的粗细变化可以用来表现空间层次,线的方圆变化可以表现其材质的变化。

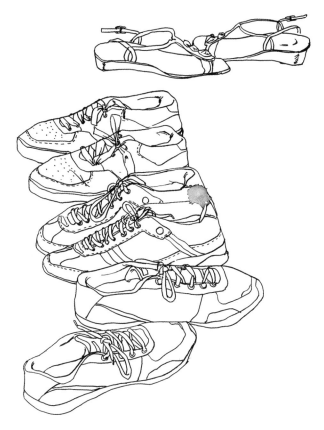

图4-112　线描法表现鞋的不同角度的
结构和透视变化

图4-113　明暗法表现鞋的结构和质感

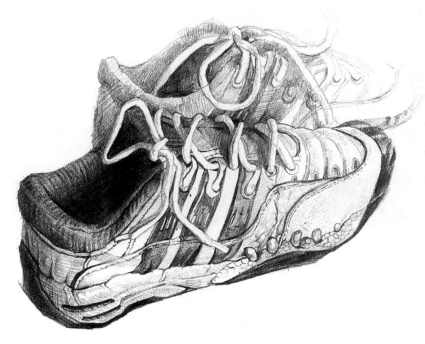

图 4-114   明暗法表现鞋的结构和质感

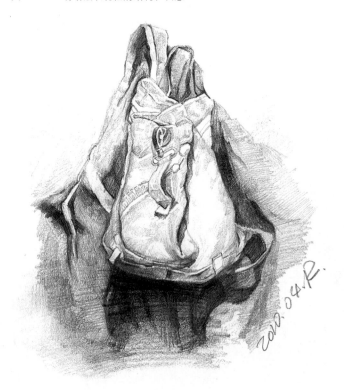

图 4-115   明暗法表现鞋的结构和质感

图 4-116　用明暗法表现的饰品

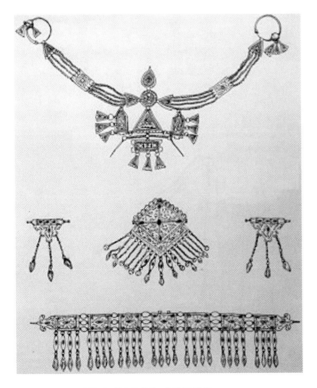

图 4-117　用线描法对饰品作阐述性的描绘

图 4-118   明暗法表现鞋的结构和质感

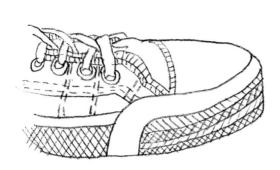

图 4-119   线描法表现鞋的结构

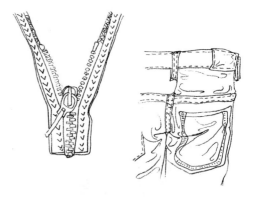

图 4-120   细节的线描法表现

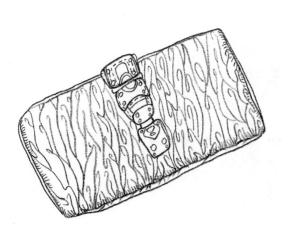

图 4-121   线的形式趣味与配件的设计风格
有高度的统一性

图 4-122   线的形式趣味与配件的设计
风格有高度的统一性

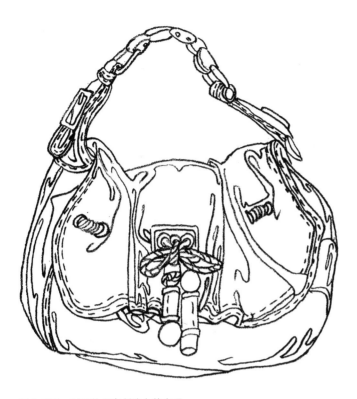

图4-123　对配件具有创造力的表现

图4-124　形态在规整中富含变化,线条的表现语言在其中有不可忽视的作用

图4-125　服饰配件的勾线法表现

图4-126　简洁明了的线描表现法

图4-127　明暗法表现领带的结构层次和质感

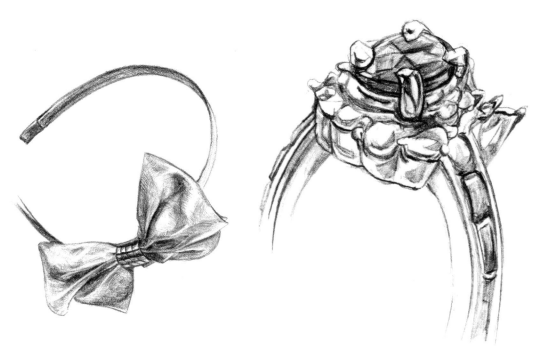

图 4-128　用明暗法表现的饰品　　　　　　　　图 4-129　用明暗法表现的饰品

图 4-130　用明暗法表现的饰品　　　　　　　　图 4-131　用明暗法表现的饰品

图 4-132 用明暗法表现的饰品

图 4-133 明暗法表现鞋的结构和质感

图 4-134　用明暗法表现的饰品

四、服饰配件与人物服饰组合的表现技法

在服饰素描中服饰配件与人物服饰进行组合画法能够很好地提升人物服饰表现的丰富性和生动性(图 4-135 ~ 图 4-151)。首先,它能够在最大程度上使人物服饰素描的表现更加可信,其次,服饰配件与人物服饰在形体结构和画法表现上的结合也能培养学生在多种关系和配合方面的处理能力,以达到一个完善的训练过程。表现技法涉及到两个方面的问题:第一解决人物服饰与服饰配件在表现上的结构联系,如手带镯子,手拎包,脚穿鞋,头戴帽子等。举例来说手带镯子就要注意表现手的结构和镯子的结构及两者配合的结构关系;第二是要解决表现语言上的问题,即表现语言的统一性,如用线表现的手拎包与用明暗法表现的手拎包,这两者在它们各自的表现语言的系统中手法是一致的,这种手法的匹配度是配件与人物组合的关键。

服饰配件与人物服饰组合表现步骤:

(1)用简洁的线条勾勒出手和配件的基本形态,注意两者结合的相互关系。注意用线的弹性和流畅性(图 4-135)。

(2)丰富完善手、配件的结构细节(图 4-136)。

(3)略施明暗影调,加强形体真实感(图 4-137,图 4-138)。

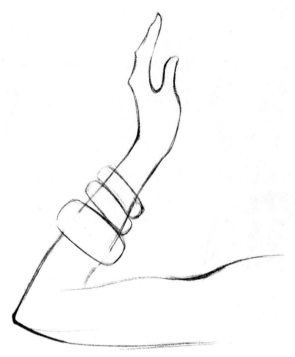

图4-135　手与镯子画法步骤(一)

图4-136　手与镯子画法步骤(二)

图4-137　　手与镯子画法步骤（三）

图4-138　手与镯子画法步骤（四）

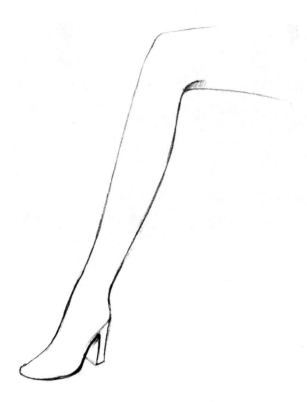

图4-139   脚与鞋子画法步骤(一)

图4-140   脚与鞋子画法步骤(二)

图 4-141　脚与鞋子画法步骤(三)

图 4-142　脚与鞋子画法步骤(四)

图 4-143　手与包画法步骤（一）

图 4-144　手与包画法步骤（二）

图 4-145 手与包画法步骤(三)

图 4-146 手与包画法步骤(四)

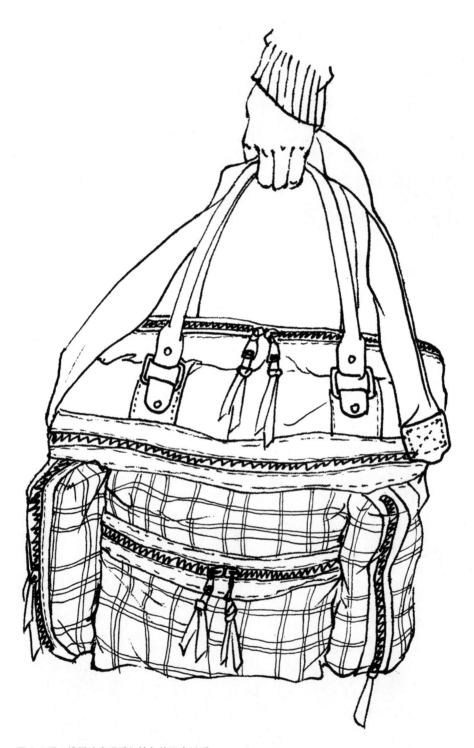

图4-147　线描法表现手与拎包的组合关系

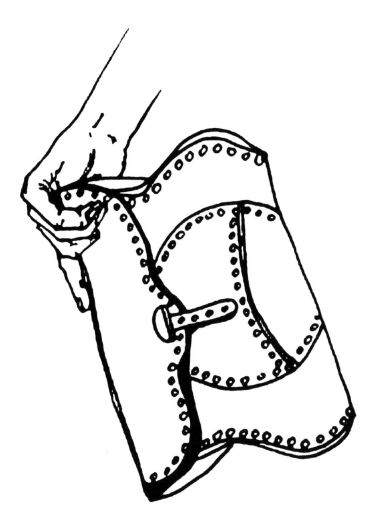

图 4-148　线描法表现手与包的组合

图 4-149   服饰及配件表现技法的日常基础训练

图 4-150　服饰及配件表现技法的日常基础训练

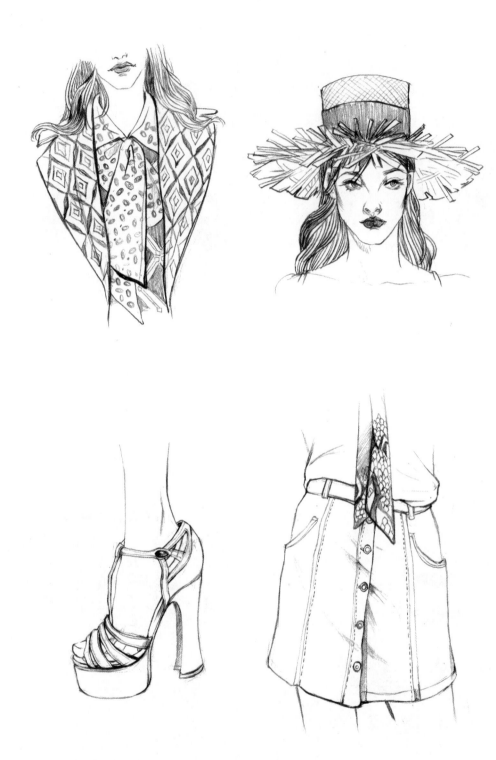

图 4-151　服饰及配件表现技法的日常基础训练

本章小结

　　本章从工具与技法等方面详细、全面地阐述了人物服饰的表现技法。技法的种类和运用是本书主要的实践环节。

思考与练习

　　1. 准备和尝试使用各种不同的作画工具。

　　2. 明暗法和勾线法在人物服饰中的运用训练。

　　3. 质感表现的训练。

　　4. 人物服饰素描的综合技法训练。

服饰素描主要造型手段 | 第五章

绘画要求想象力和手上的技巧,以便发掘出他人所未见之物,以自己的双手绘制之,甚而绘出并不存在之物。

——詹尼尼

大卫·罗桑德《素描精义》

第一节　阐述性服饰素描

　　阐述性素描顾名思义就是用清晰明了的手段进行素描造型(图5-1~图5-15),主要的目的是对形体造型结构本身进行精确描述,而不需要很强的艺术表现力,表现人体着装后的正常和自然的状态,提供给设计者对一个作品的理性判断和直观的审视。

一、特征
　　(1) 客观性,就是不加自身主观设想地理解和表现形象,完全忠实于对象;
　　(2) 解读性,对结构、形体的相互关系有清晰的阐述,帮助观者去解读形象的真实面貌;
　　(3) 实用性,此方法可以运用到服装款式设计等实际应用领域中。

二、要点
　　(1) 主要运用整洁严谨的线条进行描绘,不需要用明暗法烘托体积和空间;
　　(2) 人体结构准确真实,服饰结构直观清晰,内在关联严谨扎实;
　　(3) 整体表现完整。

三、作画步骤(图5-1~图5-4)
　　(1) 确定大体比例、结构关系及基本动势;
　　(2) 形体结构连贯,逐渐完整造型;
　　(3) 完善丰富细节,调整整体协调性。

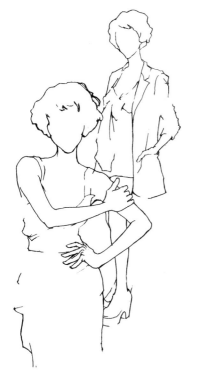

图5-1　作画步骤(一)　　　　　　　图5-2　作画步骤(二)

图5-3 作画步骤(三)

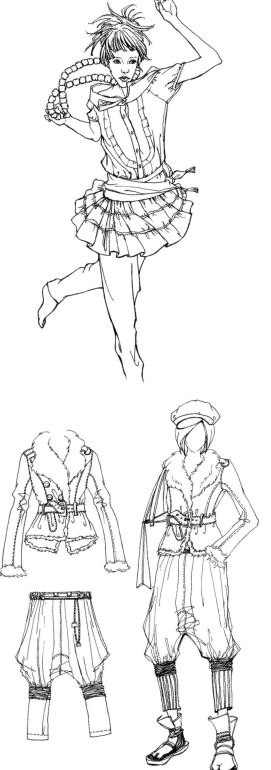

图 5-4　人物、服饰详尽的描写，加上形态合适的动态，效果生动

图 5-5　阐述性描写在服装款式图上的运用

图 5-6　阐述性服饰素描的线性表现　　　　图 5-7　阐述性服饰素描的线性表现

图 5-8　阐述性服饰素描的线性表现　　　　　　图 5-9　阐述性服饰素描的线性表现

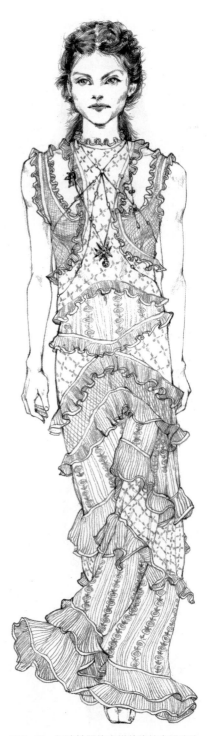

图5-10 阐述性服饰素描的线结合明暗法的表现

图5-11 阐述性服饰素描的线结合明暗法的表现

图 5-12　阐述性服饰素描的线结合明暗法的
表现

图 5-13　阐述性服饰素描的线结合明暗法的表现

图 5-14　阐述性服饰素描的线结合明暗法的表现

图5-15　阐述性服饰素描的线结合明暗法的表现

第二节   特质表现性服饰素描

特质表现性素描是一种有侧重性的表达方法,即画者为了表达自己在作品中某一部分的关注点,而进行的着重或夸张的表现,以达到强烈和直指核心的视觉传达效果(图5-16~图5-25)。

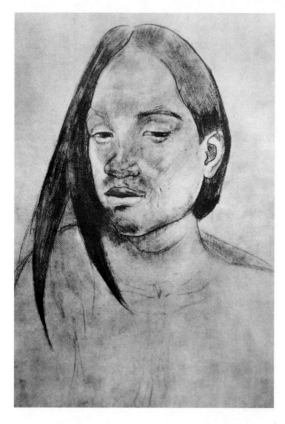

图5-16   表现性素描

一、特征

(1)潜在性,是指画者需要通过观察把表现对象潜在的特质挖掘出来,以加工放大成蕴含有独立精神内涵的作品;

(2)纯粹性,从表现技法方面和作品精神内涵方面都需具备纯粹性特征,这就是说在作品中这两方面都不需做到大而全,特色、单一的手法和内容能够体现纯粹性这一特征;

(3)强烈性,要给观者以强烈的形象感受,其中包括明确的指向性表现意图、作品形象的说服力及对形象产生的深刻印象。

二、要点

(1)在画者主观性主导下的具象表现要求画者对客观世界有高度的敏感度和具有发掘、提炼、

升华主题的能力,找到表现的切入点是关键的第一步;

　　(2)要对表现内容的主次有所选择和决定,不能搞大而全;

　　(3)可在多种方法和手段包括工具中选择最切合的,对既定主题进行刻画和烘托。

三、作画步骤

　　(1)确定主题要表现的特质,画出基本形态特征(图5-17,图5-20);

　　(2)丰富细节(图5-18,图5-21);

　　(3)加强特质部分的表现(图5-19,图5-22)。

图5-17　画出基本形态　　　　　　　　　　　　图5-18　丰富细节

图 5-19　加强特质部分的表现

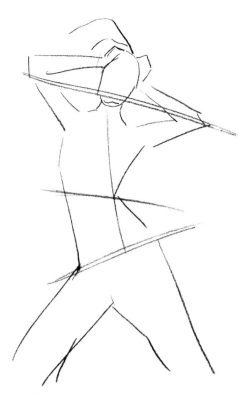

图 5-20　画出基本形态

图 5-21　丰富细节

图 5-22   加强特质部分的表现

图 5-23　表现性素描

图 5-24　表现性素描

图 5-25　表现性素描

第三节　意象表达性服饰素描

意象素描并不是无客观参照物的造像方式，它以人作为创作主体，主观能动性为主旨，多方位、多角度、多层次地发掘客观世界（图5-26～图5-39）。创造出来的形象其实是作者精神气质、生活积累以及时代精神的综合缩影。其他的服饰素描类型是让作者忘了自己去全身心地认识对象和描述对象，而服饰意象素描是要求在表现的对象上找到自己的存在。在设计师的草图中我们可以看到此类素描的特征的大量表现。为什么我们总是对设计师们的草图上出现的元素和观念创意充满期待，那是因为他们对于所见的及所想象的事物进行选择、组织和提炼方面的要求很高，对于形式发展的下一步有一个主观的并有预见性的判断。在这个前提下，我们可以容忍结构的不清晰、比例的失调、透视的不严谨，因为他们的带有创意的素描草图对于我们来说永远是精神上的诱惑。

一、特征

（1）虚构性，阐述性素描和特质表达性素描是描绘客观存在，反映的是客观形象。而意象性素描不是以直接描绘客观世界的实际存在为己任的，需要运用内在的想象来设计、构想与现实有一定距离的形象。根据现实提供的素材来虚构情节造型、空间场景是造型设计必须经历的一种"有—无—有"的思维过程。形象和空间的虚构是建立在客观事物特征基础上进行有主观表达目的的、描绘理念的更新。

（2）多元性，多元性是指表现题材的多元性和表现手法的多元性两个方面。题材的主题不拘泥于体现现实的功能性，可以表达一切有价值表现的题材。例如设计思维的片断、形象的特质联想、假想的情景营造等方面。表现手法的多元性指可以使用多种有必要的表现手段来配合主题的表达。

二、要点

（1）形体与空间的虚构，把客观物象的空间感、质感、量感、明暗度等素描要素超现实地再现出来，反映不同于自然造物法规律，使之变异，形成意想性虚构物象，具有真实和荒诞的双重性质的视觉效果。

（2）生活元素的收集、选择、提炼、加工，使之重新放在新的语境里组合，以出现从形式到内涵的崭新面目。

（3）充分发挥创造性思维，反映不同于自然造物法规律，使之变异，形成意象性虚构物象，具有现实和非现实双重性质的视觉效果。

三、作画步骤

（1）确定表现主题，罗列、选择与之相配的元素（图5-26～图5-29）。

（2）形体的确定，各种选定元素在各个部位的运用安排（图5-30）。

（3）完善整体（图5-31）。

图 5-26　元素（一）

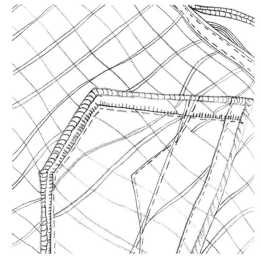

图 5-27　元素（二）

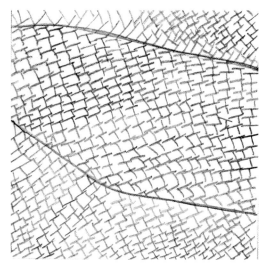

图 5-28　元素（三）

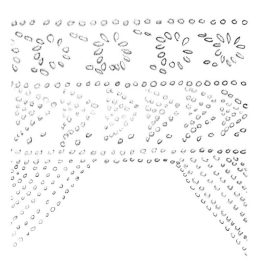

图 5-29　元素（四）

图 5-30　确定元素在各个部位的运用　　　　　图 5-31　完整整体

图 5-32　意象素描是什么？是肆无忌惮的表现还是思维上的天马行空,可以说两者的影子都有。但是其中最关键的是如何对一些表现方式作出有节制力的释放,是考量一个设计师功力深浅的重要方面

图 5-33　意象思维对形象造型的影响暗示着设计思维的内涵,通过意象性服饰素描的训练可以过渡到设计创作的环节上来

图 5-34　意象思维对形象造型的影响暗示着设计思维的内涵,通过意象性服饰素描的训练可以过渡到设计创作的环节上来

图5-35 意象服饰素描的灵感可以是来源于一个感受、一个启发,甚至一个梦境。人物形象、动态、服饰、空间的营造都支持着这一会瞬间消失的一现灵光

图5-36　形象的形态是具体的,主题的意识是空洞的,给受众以自身意象植入的主动力

图 5-37　形象的形态是具体的，主题的意识是空洞的，给受众以自身意象植入的主动力

图 5-38　青春的无畏和挥霍，主题和手法相得益彰。意象的来源不是空穴来风，而是实实在在的生活感悟

图5-39　青春的无畏和挥霍，主题和手法相得益彰。意象的来源不是空穴来风，而是实实在在的生活感悟

本章小结

　　本章阐述了服饰素描的几种造型手段:阐述性素描、特质表现性素描、意象表达性素描,对其的定义和方法讲解和演示。

思考与练习

　　1. 思考造型的方法与造型所要达到的目的之间的关联。

　　2. 阐述性素描、特质表现性素描、意象表达性素描的练习。

服饰素描的语言表达 | 第六章

语言是一种工具（organon），是给它的使用者提供一系列不同的标尺和"中止"的工具。

——贡布里希《艺术与错觉》

第一节   比例与协调

比例和协调是两个不同系统里的概念,比例是反映客观事实,而协调则是反映主观世界的能动。我们在这里所要探讨的是如何将这两个不同系统里的概念进行互相参照,互相对比,互相影响,以达到互相融合,从而全面、深刻、完全主动地认识和表现对象的境界。一般来说,所谓比例,它所代表的是一个约定俗成的尺度或客观事实,初学者对各种比例的研究和掌握过程是必不可少的。比例的语言是一切造型语言中最具有通行力的语言之一,但是它只能代表画者能

图6-1 Robert Gwathmey 作品　大英博物馆
强烈的透视变化引起比例缩减,形体夸张、主题鲜明。缩小的头部位于视线的交汇点上有力地支撑了硕大而前倾的身躯,人物和空间的互相支撑为荒诞的比例关系提供了协调力

对形体的识别具备正确反映的能力。但是,"精确反映并不等于真实性"(亨利·马蒂斯),它不影响人对美和真实的判断的基本标准。对人类来说,真实比例在一定的视觉角度、作者的主观感受及主观意图、对象的个体特征与主题表达的多重作用下会在最终的作品中被扭曲、变化。这就需要作者具备第二种视野和能力,即协调的能力来统帅整个画面。协调的内容包括如何运用形体比例基本特征而不是约定俗成的尺度来表现;如何把形体局部比例发生改变时,通过协调形体整体的比例关系,让之更符合视觉经验,从而进行有主观控制力的创造实践。当以上某些特殊原因使对象的比例透视关系发生改变时,对整体进行造型语言、造型风格、主题元素方面的提炼、整合,是协调画面逻辑成立的重要所在(图6-1,图6-2)。

图6-2　Henri Matisse 作品　大英博物馆

比例的缩减有力地突出了服饰的表现主题,用外围线条强有力的指向性来体现上身对整个成扩散装的形体的凝聚力,使之能够形成视觉的聚焦点,并用团状明暗的表现统一,以加强整体感

第二节　视觉与平衡

视觉的含义在艺术实践中包含着太多的现实操作的可能性。在大多数情况下,由于人类受到自身视觉的哄骗而面对客观世界的逻辑性发生了误读,从而反过来又把这种来自视觉的哄骗引申发展成对客观世界真实表述的挑战,建立一种存在于形而上但是又是符合视觉逻辑实施方案。在这一体验过程中,首当其冲的就是视觉和平衡的关系,因为这是所有涉及与视觉有关的表述中最基本的关系。众所周知,当人的双眼都能以相同的焦点相同的视力看物体时,我们的生理上才会达到一种平衡,反之则会失去平衡。所以说生理上的平衡感是我们观看物体时首先需要得到被满足的。那么我们知道当我们用客观世界的逻辑性为出发点来再次在一个物体时我们的视觉愿望和心里期待是不会得到满足的,视觉艺术的感受要求不能以此而结束。所以我们必须以视觉平衡来代替物理平衡为出发点来规划画面的结构、平衡关系。视觉平衡的手段可以用轻重、虚实、及形体的消失点、支撑点的处理来完成形体归纳组件的摆放(图6-3,图6-4)。

图6-3　埃德加·德加　《手持花束谢幕的舞者》　波士顿美术博物馆
右侧的束花与左侧形体形成的平衡关系,其中的左腿被大胆地弱化了,整个形体呈现天平般的稳定。大师对视觉的平衡关系作了经典型的示范

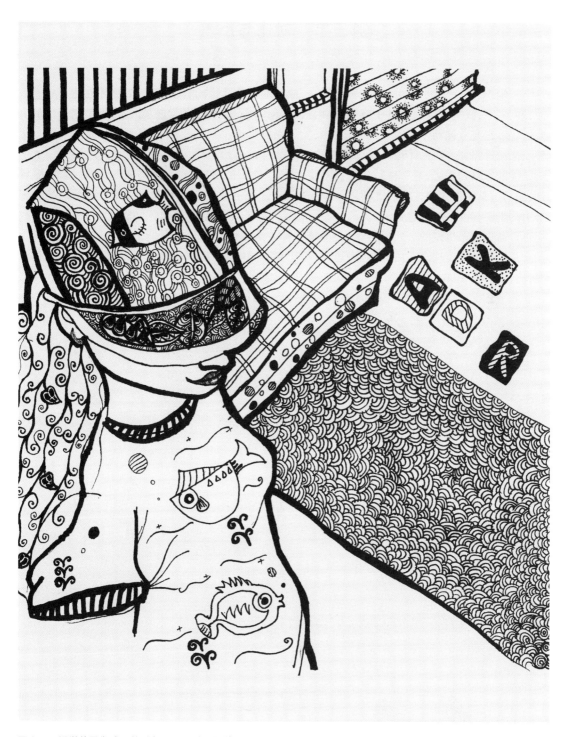

图6-4 视觉的平衡感及其手段可以通过平面的语言来进行训练。点、线、面在位置、图形、面积上作出妥善安排，仔细考量其中的变化。方法可以从一个重要的主题或者重要的视觉位置开始表现，然后再在次要的位置找出与之对应的平衡点，用相对应的元素去表现

第三节　对比与反差

　　一幅作品，一个设计如何才能打动受众，触动最富含情感的那根神经，如何才能达成心灵最深处的共鸣，我们可以说这其中有题材、因素、形象因素、构图因素及色彩因素，但是这其中最重要的手法是充分调动各种因素的对比与反差。一般来说，一个设计、一幅作品的成功可以有两种不同的思路和方法来体现设计师的功力。第一种是自始至终协调各种因素使之成为一个逻辑整体的思路和手法；第二种是大面积调动题材、手法上的对比与反差，即强调个体元素的差异性，又通过某种形式的整合使之浑然一体。第二种思路和手法是我们考量一个设计师的能力和潜力的重要标准。可以这么说，协调和统一的能力只是设计师的最基本的能力。第一种方法我们可以通过教条机械的方式进行培训，而第二种方法我们必须从审美能力的培养开始，而不是向其灌输某种审美理念。故此，在表达上，对比与反差应成为其中常规语言的训练以凸显其重要性（图6-5～图6-9）。

图6-5　平面化的形象处理，强调边缘轮廓与空间形成反差，造成特殊的形体空间关系

图 6-6　形象处理的区域空与满的强烈反差对比

图 6-7　简与繁、空与满这些对比反差对作者
所要表现的形象面得到视觉的强化。动态图
形的选择配合了这种强对比下的语境

图6-8　明暗对比反差巨大,黑白面的切割硬朗,互相填补和呼应,以达到视觉上的均衡

图6-9　用了简单的明暗对比和线条曲直粗细对比,使人物服饰的表现效果达到主题表现的要求

第四节　具象与抽象

　　抽象及其表现在服饰素描中,我们只能从"具象"作为出发点,它既是我们的前提,也是我们的基础(图6-10~图6-20)。从"具象"中发现"抽象"的元素,通过"具象"去认识大自然的造物法则,通过"抽象"去发现形式的存在。我们会发现任何物质的整体形状都是由一些相同或类似的结构单位,按照一定的组合规律严谨地重复和变化而组成的。这些最小的结构单位本身包含着"抽象"形态的提

图6-10　波提切利为油画所做的素描草图,对形象明确的具象要求是视觉传达的基本要求

示,启发着我们的思维,它具有被其他形态的结构单位替代的可能性,同时,还具有按照其他组合模式重新构建的潜在因素,以及可以被重构的可能性,例如我们将熟悉的形象中陌生因素挖掘出来加以强化,建立一个新的前所未见的陌生形象。我们发现抽象的介质有两种,有形的抽象是我们能够看得到的东西,引发对形象的抽象思维过程,而无形的抽象则是声音、光、空气等,凡我们感官所能够接触到的一切感受,带给我们感官的综合体验,并用一定的艺术形式表达出来。抽象的表现手法是要求学生根据客观形象中某种元素的启示引发灵感,建立有表现力的抽象形式画面,用形式因素本身探讨形式法则、概念、符号性、构成原理以及抽象的表现法则。

图6-11　同一张画上抽象和具象两种手法的运用,是处理人物服饰与空间关系的手法

图6-12　杜米埃　《大街展示》　大都会博物馆
杂乱无章的线条蕴含着抽象的意味,但是所有这些综合起来又给我们提供了一个具象的形象

图 6-13   抽象的元素通过选择、组合，为具象形象所用

图6-14　抽象的元素通过选择、组合,为具象形象所用

图6-15　维亚尔
利用某几种抽象符号阐述形象。用抽象的语言来解释具象的形象，这一方法在19世纪中后期的现代绘画中首先孕育产生，之后导致了现代设计思维的建立，从而扭转了以往在工业设计中只强调功能化，而忽视发掘、创造视觉艺术的形式感这一状况

图6-16　大卫·霍克尼
全方位使用抽象的元素描绘对象，对人们在视觉艺术领域开拓新的思路很有启发性

图6-17　Kuniyoshi　《为塔基乌·
高贞(音译)卷轴画做的草图》荷兰
莱顿里杰科斯博物馆
团状絮乱的线条对形体产生强烈的包
裹感,具有抽象意味的线条形成了对
形象模糊而精确的具象表达。抽象和
具象两者关系细腻和微妙

图 6-18　Emilio Greco 作品　　　　　　　　　　　　　　图 6-19　Emilio Greco 作品
具象形态向抽象形态的演变。其中元素的改变对下一步的形象有着肢解和重组的作用

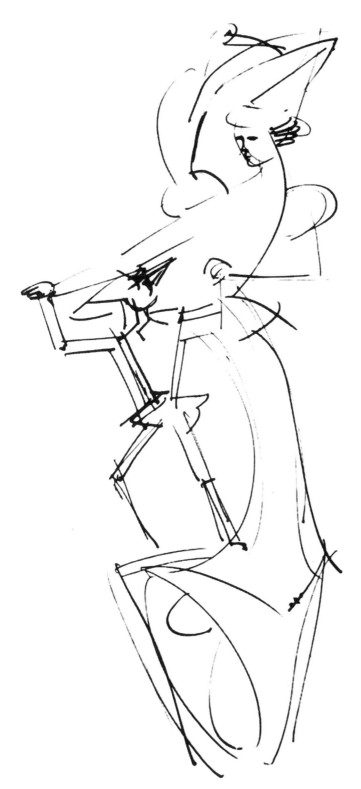

图6-20　用具象的形态作为蓝本,对形态结构做出减法处理和造型上的延展,使新的形态形成多样性的可能,其中的延展面可给设计师提供更多在形态上的灵感和想象空间

本章小结

　　本章主要侧重阐述服饰素描表达语言的种类和表达方式，是理论性和实践性相结合的一章，为学生如何在服饰素描课程中进一步提高提供了多样化的选择。

思考与练习

　　1. 思考什么是服饰素描的表现语言。

　　2. 对本章中涉及到的概念和手法进行练习。在练习过程中可以选择同一介质对其进行不同表现语言的演绎。

参 考 文 献

［1］王珉.素描［M］.北京:高等教育出版社,2009.

［2］王智.设计素描［M］.北京:中国轻工业出版社,2007.

［3］陈玉兰.设计素描［M］.桂林:漓江出版社,1996.

［4］沈婕.从素描到设计［M］.北京:知识产权出版社,2009.

［5］内森·戈尔茨坦.美国人物素描完全教材［M］.上海:上海人民美术出版社,2005.

［6］孙韬.解构人体［M］.上海:人民美术出版社,2008.

［7］胡亚强.透视学［M］.上海:上海美术出版社,2009.

致　　谢

感谢龚成、王泽旭为本书做了大量图片和文字的收集整理工作。

感谢本书参考或引用图片等相关资料的参考文献作者及其出版单位。

感谢下列人员为本书提供图片：

马铭峻	张嘉宝	汝海洋	胡天一	石文迪	陈亚萍	郑　捷	阳心宁	金　希
许天宁	黄日旭	赵　洁	林　霞	丁香秀	张　杰	姜　楠	冯嘉懿	周宇飞
张美丽	邹新然	于　乐	范小苑	伍梦月	张　婷	谭　雯	唐梦菲	高丹薇
吴林桐	李衍萱	张萌萌	徐梦佳	张　双	高　明	赵纯子	胡潇潇	吴骁祺
陆含笑	孙　青	马　婧	杨茂恒	张林楠	陶云倩	沈心荷	廖佳冶	

由于部分作者名缺失，可能导致提供人员名单遗漏，敬请谅解。